EMOTION BY DESIGN
Creative Leadership Lessons from a Life at Nike

Nike前行銷長精煉27年的創意領導課

Nike前行銷長
葛雷格·霍夫曼 Greg Hoffman

王曉伯 —— 譯

獻給我的妻子與孩子，

克絲汀（Kirsten）、羅溫（Rowan），

以及艾拉（Ayla），

感謝他們常伴我築夢。

目 次

CONTENTS

引言　運動的藝術　　　　　　　　　　　　010

第一章　我加入競技場的旅程　　　　　　　023

第二章　創造力是團隊運動　　　　　　　　049

第三章　千萬別保守，要為贏而打　　　　　091

第四章　邁向偉大　　　　　　　　　　　　127

第五章　勇於被記住　　　　　　　　　　　163

第六章　別追求酷炫　　　　　　　　　　　195

第七章　提倡運動　　　　　　　　　　　　233

第八章　拉近距離　　　　　　　　　　　　275

第九章　留下傳承，而不僅是記憶　　　　　311

致謝　　　　　　　　　　　　　　　　　　327

附注　　　　　　　　　　　　　　　　　　332

運動的藝術

　　我望著投影銀幕，銀幕兩側是上百面世界各國的國旗。這樣的國際氛圍恰到好處，因為我所在之處是 Nike 的塞巴斯蒂安柯伊大樓（Sebastian Coe Building），這是以 1980 年與 1984 年連續兩屆奧運贏得 1500 米賽跑金牌的英國田徑名將來命名。此時此刻，我想起柯伊的名言：「競爭固然刺激，勝利固然振奮人心，不過真正的獎勵是你自知一路走來的收穫。」二十七年來，我從設計實習生一路做到 Nike 品牌的行銷長，對此深有體會。這時是 2020 年 2 月，我的退休慶祝儀式。

　　我在銀幕上看到我名字的縮寫「GH」。我有些詫異，也備感榮幸，因為它設計得就像我們多年來為運動明星所創造的標誌，例如勒布朗·詹姆斯（LeBron James）、老虎伍茲（Tiger Woods）與小威廉絲（Serena Williams）。我在 Nike 的職涯始於 1992 年，為產品、運動員與公司所指派的任何案子設計標誌。現在，我也有了一個標誌，一切圓滿無

缺，我久久無法自已。

當天晚上充滿了回憶，還有一兩句（來自於我）對我近三十年來親如家人的同事的建議。當晚最令我感動的時刻之一，是新任品牌創意總監、同時也是我的老友與門生，吉諾·菲沙諾提（Gino Fisanotti），送給我一幅裱框的肖像，是由攝影家柏拉圖（Platon）所拍攝的科林·卡佩尼克（Colin Kaepernick）。

你可能不知道柏拉圖這個人，不過你大有可能看過他的作品。他的標誌性黑白肖像作品，包含社交名流、世界領袖、運動員與藝術家等，被譽為能捕捉一個人在其頭銜與名聲之外的精髓。從他的作品，如穆罕默德·阿里（Muhammad Ali）的肖像，你可以看到這位拳壇傳奇背後的人性。柏拉圖的作品並不像是其他職業攝影師看來較為藝術導向、偏於理想化的泛泛之作。他的作品看來像是他的驚鴻一瞥，在那麼一瞬間掌握到對象完全真實的一面，尤其是眼神。他的高反差作品，都是設定在白色的背景之下，能夠以最自然的方式呈現一個人的真實面貌與性格。

這樣的創意並非信手拈來，而是經過設計的。就像所有偉大的藝術一樣，柏拉圖的肖像是要激發情感，但這樣的情感並非出自偶然，而是刻意為之，與作家編造故事並無不同。我無法告訴你柏拉圖是如何做到的；他是如何透過他的作品引起觀眾的共鳴。但是，我可以告訴你，我們作為品牌

行銷人，是如何做到的。

我對柏拉圖這種高水準藝術品的喜好程度，只有我對運動的熱愛可以比擬。乍看之下，這兩者是完全不同的興趣，但是，當我們深入運動的表象，便能看到它令人熱情四射、心情澎湃的一面，讓我們對運動場上的痛苦與狂喜感同身受。曼德拉（Nelson Mandela）曾經說過：「運動擁有改變世界的力量。它擁有激勵人心的力量，能夠以獨有的方式讓人們團結在一起。」

我凝視柏拉圖的卡佩尼克肖像，再次感受到藝術的永恆之美。這幅肖像是一項行銷活動的一部分（我在 Nike 的最後一項行銷案），它不只是一幅簡單的肖像，同時也是藝術，充滿了卡佩尼克的個性與熱忱。此外，這幅肖像也展現了 Nike 的目標：運動改變世界的能力。這幅肖像現在驕傲地掛在我的家中辦公室內，因為它代表的不只是一項偉大的藝術品，同時也是偉大的品牌行銷。誠哉斯言，它告訴我，藝術與行銷可以是異曲同工，而且往往是殊途同歸。

看著肖像，我想起使這一切成為可能的旅程，一段大約在五個月前展開的旅程。

*　　*　　*

2019 年 8 月，我到柏拉圖位於紐約市的工作室拜訪他。

我們的友誼可以回溯到 2013 年，當時我是 Nike 的全球品牌創意總監，我邀請他為公司的一個「品牌營」發表演說。柏拉圖不只是攝影大師，也是說故事的大師，他能夠透過他的影像編織引人入勝的故事。我有幸向觀眾介紹柏拉圖，在台上訪問他有關他的工作與他最著名的一些肖像。我們的友誼就此展開。我們第二次共事，是我請他為 Nike 拍攝巴西國家足球隊。Nike 在這支球隊贏得洲際國家盃（Confederations Cup）後於 2014 年成為其贊助商，並為其設計球衣。拍攝的作品完全是典型的柏拉圖風格，大部分都是球員在白色背景前的黑白照片，不過球衣則是醒目的黃色。也許柏拉圖在這些巴西球員的作品中所展現的天分，超越了我的簡報（工作大綱）所定義的計畫，因為他不僅僅是拍攝球員，同時也將熱情的巴西球迷納入鏡頭。完成後的作品是將他們串聯起來，使效果超越單純的運動，讓運動與文化緊密結合。若是忽略後者、只顧前者，就錯失了運動為何能在全球各地引起數百萬人共鳴的原因。

不過，當我於八月走進柏拉圖的工作室時，我心中毫無概念。我們熱烈交談，柏拉圖提起他正要將一批非裔美籍民權領袖的照片捐給史密森尼學會（Smithsonian）旗下的國立非裔美國人歷史與文化博物館（National Museum of African American History and Culture）。這些英雄令人敬佩，包括穆罕默德·阿里、哈利·貝拉方提（Harry Belafonte）與伊

萊恩‧布朗（Elaine Brown）。我腦中突然閃過一個念頭。

「你遺漏了一人。」我說道。

「是誰？」他問道。

「科林‧卡佩尼克。」

柏拉圖回答他無法接觸到科林。我說我可以幫忙。我打電話給吉諾，他當時正在計劃進行一項行銷案，是針對科林的新限量版空軍一號（Air Force 1）球鞋。吉諾想了一會兒，表示柏拉圖一系列的卡佩尼克肖像應會對此款新鞋的推出大有幫助，使其別具意義。於是，卡佩尼克的「忠於七」（True to 7）活動開始付諸實行。我搭機返回 Nike 園區，與吉諾會商細節。整個概念其實相當簡單：將活動——不只是球鞋，還有一款球衣——透過柏拉圖一系列的典型黑白風格肖像，與科林堅持的「七大價值」相連。此活動在 2019 年 12 月發表，爲了幫助推廣，科林還在推特上發布貼文：「那些在場上與場下忠於自我的人，應義無反顧、一本初衷，面對所有挑戰。這只是剛開始而已。」

*　　*　　*

現在，柏拉圖這一系列肖像的其中一幅就掛在我的屋內，是吉諾送我的禮物。吉諾對科林活動的支持、洞察力與熱誠，使我在 Nike 的最後一項行銷計畫成爲最有紀念價值

的計畫之一。

我們與科林合作的故事，始於我拜訪柏拉圖的兩年前，當時我們在俄勒岡州比弗頓（Beaverton）的 Nike 總部共進午餐。這其實是另一章的主題，但也意味著柏拉圖的肖像代表的不僅是「忠於七」的活動，更是一段始於幾年前的創意之旅的具體表現，當時我們正在聆聽科林吐露心聲。起初，我們的設計方案內並沒有包含柏拉圖，直到我前往他的紐約工作室與他會面。不過，此一創意之旅並非直線發展，而且往往是在意想不到的地方靈光乍現──如果你敞開胸懷的話。我們與科林的合作是植基於一個觀點，亦即他透過揭露種族歧視真相所傳達的訊息，是與運動、美國黑人的遭遇密不可分的。除了科林的訊息所造成的社會效應之外，「忠於七」活動本身也有許多值得品牌學習的地方。對科林與 Nike 而言，個人和職業球星並無區別。他在場上與場下都是同一個人，Nike 的責任則是揭示此人及其對世界懷抱的熱情。如果我們只專注於科林的訊息，就會錯過與運動的關聯性，然而，若是只聚焦在運動上，我們就會忽略科林的訊息。兩者──個人與職業球星──必須結為一體。

本書的許多靈感是來自與科林的合作，來自我在 Nike 任職最後幾年的旅程，同時也匯集了我過去二十七年來所累積的經驗教訓與心得。我目前是新創企業與成立多年的企業的品牌顧問。我全心全意向我的觀眾所揭示的創意哲學，是

與科林、吉諾、柏拉圖，以及天才橫溢的 Nike 品牌團隊合作的結晶，也是本書的基礎所在。簡單來說，一個品牌的競爭優勢，在於其建立與消費者之間強烈情感聯繫的能力。我堅信，透過培養一個強而有力的創意文化，可以達到這樣的聯繫。

　　我稱之為**設計情感**（Emotion by Design）——創造故事、影像與經驗的能力，使人覺得即使是自己最狂野的夢想也能實現。多年來，我一直是在一個以點子主導的創意文化中建立這套哲學。如今，我的目標是將這套創意行銷與建立品牌的哲學灌輸至其他人身上，因為設計情感的關鍵，就是**讓所有的企業領袖和團隊都能實踐與應用**。此套創意方法論的成功，並不需要依賴龐大的資源。一個五人小組也能在品牌推廣上取得盛大的成功，絕不亞於擁有千人以上員工的公司。要觸動消費者的心弦，並不需要投入上百萬美元的經費。品牌與消費者之間情感連結的建立，並不是取決於品牌與資源的規模，而是在於故事的力量與連結的緊密度。

　　我也要反駁「不是人人都有創意」的觀念。雖然創意的應用——藝術指導、文案、應用程式設計、電影導演等——是保留給在這些領域具有專業的人，但這些點子的概念不會、也不該受限於「創意」。每個人都有想像力，每個人都有抱負和夢想。關鍵是逐步打造文化與環境，讓這些想像力能夠有發聲的空間。有太多的品牌與公司，利用先入為主的

觀念和個人偏見，壓抑並扼殺他們團隊的創意。這些公司不時會以高度結構化的流程與思維模式，引導他們的創意發想——他們冒著風險，最後導致品牌平淡無奇，也無法與消費者建立聯繫。

這就是品牌為什麼必須具有海納百川的心態，歡迎外界的聲音加入他們的創意發想，並鼓勵這些聲音將自身特有的經驗帶入工作之中。多元性與包容性本身就是一個目標，但令我感到訝異的是，即使是在今天，仍有許多公司看不出為什麼經驗、思維、背景、想法與價值的多元性是先決條件，能夠構建改變世界的創造力。創意是來自我們挖掘其他人所錯失的觀點。我們是透過團隊的多元化經驗，以及我們對於探索未知領域的熱忱，來找尋這些觀點。

本書旨在強調創意，號召品牌建立者重新發現人性元素，建立與消費者之間的聯繫。在接下來的各章節中，讀者將透過我從 Nike 與其他地方的經驗中所汲取的觀點，展開一段創意之旅，而這些經驗可以應用於所有的行銷規律之中。從歌頌勒布朗的偉大，到自柯比‧布萊恩（Kobe Bryant）無盡的好奇心中汲取經驗；為空軍一號球鞋舉辦的音樂會，再到與凱文‧哈特（Kevin Hart）合作替運動創造潮流；Nike 持續透過「做就對了」（Just Do it）的口號來鼓勵新一代的運動員。讀者將感受到行銷與設計情感所創造出來的藝術。

現今，要建立一個世界級的品牌，需要在藝術與科學間達成微妙的平衡。數據給了我們大量的消費者資訊，多到無法想像。我們現在可以更為有效、即時、精準且更具生產力地提供我們的內容與故事。然而，就某種意義上而言，數據給了我們更多，但同樣也從我們這兒拿走許多。我們變得創意枯竭、缺乏創新，也更不願承擔風險。這並不是優先與否的問題，而是在於平衡。一切保持和諧的時候，藝術與數據可以聯手達成許多了不起的成就。數據與資訊提供了驚人的益處，可以讓我們消除消費者經驗中的分歧、摩擦和不便。但是，此一天秤並不平衡。影響所及，我們看到許多品牌將與消費者間的溝通關係放在優先的地位，但實際上，他們應該建立的是人際關係。

在本書中，我將傳達我在此領域浸淫三十年的經驗與教訓。我會說明我的許多創意發想的靈感來源，是直接來自運動界最偉大的合作團體──運動員、教練與團隊。我希望讀者能夠明白，這些創意的流程與原則具有普世價值，可以應用於各種大大小小的品牌。尤其重要的是，無論你是一人團隊或隸屬於千人團隊，對企業、行銷與創意專業人士而言，本書竭盡所能要成為大有用處的企劃工具。不管是領袖、團隊或品牌，善用本書的觀點，便能達成卓越的創意水準，從而與消費者建立持久的聯繫。

關於本書架構

在我們開始之前，我要先解釋本書的架構，幫助讀者了解本書的用意。本書就像是為讀者提供一部劇本，以釋放你們團隊的創意。當我說「創意」時，指的是一種典範轉移的創造力，能夠激發情感，讓我們互相聯繫。各章都會先提供基本元素，接著是這些元素的應用方式。

本書大量引用我身處於運動世界職涯中的創新作品，讓讀者能夠細看創意團隊的運作，是如何創造出當代最難忘、最具代表性的行銷活動。我有幸是在一個積極合作以發揮創意的時代加入 Nike。儘管 Nike 後來強勁成長，規模之大遠超過成立之初，但我的事業生涯仍有幸處於這樣的文化與環境之中。在我工作的團隊中，充滿鼓勵想像與構思的精神，同時也具有一種靈活機智、隨機應變的文化——儘管你不具備必要的經驗，也常常會被賦予承擔一項計畫的責任。

我們全體都有一種「我們在**成就**某些大事」的感覺，我的意思並不是只有公司；我的意思是，我們覺得自己是在創造真實的人性時刻，與消費者建立連結。我們的影片、企劃活動與產品，對人們來說**很重要**。Nike 已成為運動鞋業與服飾業最具權威性的品牌，這種地位也賦予了我們責任。如果我們要以人為本，就有義務把事情做對。倘若一個品牌達到與顧客契合的關係，那麼就某種意義而言，品牌已不再只

是銷售產品，而是成為文化的一部分。當然，這也意味著你必須呵護你所建立的顧客關係，並確保這種卓越的關係能夠持續下去。這不是一項簡單的工作，因此，我希望本書能為讀者提供在自家組織內打造文化的工具，協助讀者繼續提升品牌、創造引人入勝的故事與傑出的經驗，以建立並維持與顧客間強而有力的情感聯繫。

除了第一章之外，其他每一章都是依循相同的結構，提出一個有助提升品牌的元素。每章的結尾都會有一份強調並濃縮該章重點的清單。第一章是讓讀者了解我當初加入 Nike 時的模樣，因此屬於自傳體，不過其他各章都是主題式的。我在各章為展示某個經驗或想法所選擇的故事，都是一時之選。但是，創意的過程從來不是井然有序的，我為某章所選的故事可以輕易地套用於另一章，因此，讀者將會發現有若干東西是重複的——同理心、洞見與創意合作等——在多個故事中出現。這是因為上述元素都是推動創意的力量。第二章會提出一些「基礎」主題，換句話說，假如你們組織沒有這些特質，就難以找到靈感與創新。

最後，我要強調本書一開始所揭示的主題。作為品牌行銷人，我們擁有大好機會，善用我們的觀點、工具與想像力來為我們的世界發聲。我們必須忠於我們的品牌目標，但也不應忽略能改變世界的機會。唯有當我們獻給世界的故事，與顧客具有相同的抱負和動機時，我們才能跟顧客建立更緊

密的聯繫。要達到這樣的水準，犬儒主義是我們的對手，我們必須持續與之對抗。簡言之，我們要成為更偉大事物的一部分，精益求精，留下意義宏偉的傳承。

第一章

我加入競技
場的旅程

我朋友看到我一副坐立難安的樣子，遞給我一杯水。我緊張得口乾舌燥，但這還不能跟我緊繃的神經相比。我是個外向者，熱愛運動、競賽與嘻哈音樂，然而這些特質在這一天完全沒有顯現出來；今天，我是一位內向羞澀的藝術家。「藝術」——我的「藝術」倒不是問題。問題是我該如何對我面前的觀眾道出我的藝術故事——更精確地說，是我的設計。十幾對緊盯著我的眼睛，分別是我的教授、同學，還有幾位我向來尊重的設計師，他們的作品曾讓我大受啟發。不過，他們現在正等著看我的表現，以決定我是否真的屬於他們那一群人。我感到其中有一雙眼睛尤其對我挑剔，冷冷地打量我，懷疑我憑什麼進入設計的菁英世界。我緊張的程度，與我四年前進入夢寐以求的明尼亞波里斯藝術與設計學院（Minneapolis College of Art and Design，簡稱 MCAD）時不相上下。

我正要提交我的學士論文，主題是透過設計的媒介，探索視覺藝術與文理教育間的關係：也就是藉由我的圖像，講述這些世界間相反與相似關係的故事。這是必須展現自己博學多聞的時刻。踏上設計的旅程，意味著你被創意社群所接納。但是，首先你必須獲得他們的認可、達到最高的標準，也就是竭盡所能、超越自我，而不是循規蹈矩。為了啟程，我最需要獲得認可的一雙目光，來自於羅莉·海柯克·馬凱拉（Laurie Haycock Makela），明尼亞波里斯的沃克藝術中

心（Walker Art Center）總監，那是全球參訪人次最多、備受推崇的當代藝術博物館之一。

一個多月前，我向設計系申請令人垂涎的沃克實習生職位。雖然我對我的學士論文報告感到緊張兮兮，但我對自己的才華深具信心。我在班上屬於名列前茅的設計師之一，因此，當羅莉來電告知我已在決選名單之中時，我並不意外。她同時也建議我邀請她來參加我的學士論文報告。當然，當沃克總監「建議」你時，其實根本就不是建議。我的學士論文報告不僅要展現我在 MCAD 所學到的本領，現在還變成了一場面試。

加入沃克（即使只是實習生），是我自童年時期透過許多夢想與努力，才掙得的成果。我的父親是黑人，母親是白人，我被一對白人夫婦收養，在明尼亞波里斯市郊一個幾乎全是白人的社區明尼通卡（Minnetonka）長大。我生長的環境充滿自然之美，但由於是混血兒，因此總覺得自己是外人，久而久之就變得內向，沉浸於自己的想像力之中。我五歲時，就已習慣父母與老師對我的誇獎：「你是一個很棒的藝術家！」雙親大量投資我的暑期繪畫班，邀請中學美術老師來家中做客，共進晚餐；替我買了繪圖桌，甚至還在我與兩個弟弟共用的臥室開闢了一面繪畫牆。這面牆成了我的想像力壁畫。

我在小學時開始經歷許多直接的種族歧視。我毫無防

備，也沒有任何曾有相同經歷的人能告訴我該怎麼做——於是我轉向我的藝術。繪畫能讓我將白日夢畫在紙上、逃避現實。到我進入中學時，我已完全沉浸於不同層面的藝術與設計世界，但對於 1980 年代早期的一個黑人小孩而言，這是完全不正常的興趣。不過，我在追求藝術的熱情中找到慰藉，透過想像各種可能性來重新了解這個世界。我也在藝術與設計的融會貫通中找到自我，而我還想要更多。

這些對於一個來自明尼蘇達的小鬼來說，都是遙不可及的夢想，即使我已進入最適合我才能的機構之一，MCAD。新生訓練時，我聽到導師發出一項司空見慣的警告：「看看四周。」他一面說道，一面指著我的新生同學。「你們之中只有百分之十的人會以設計為事業。」當然，他說的沒錯，但我將之視為挑戰。加入設計的菁英世界是我的目標，我拚死都要加入。百分之十是一場嚴酷的競爭，我決心要超越對手。在我完成 MCAD 的學業時，我可以說自己做到了，而我開始放眼未來，尤其是沃克，為年輕的設計師提供令人垂涎的一年實習生資格。

沃克藝術中心體現的正是我所崇拜的：引領時代潮流的設計，打破界限，將定義的可能性推向極致。沃克的設計師在最近一次的展覽中展示了視覺傳達，他們擁有如同藝術家一樣多的自我表達空間。這類設計在今天的數位世界裡已不復見。不過，在那個時代，沃克創造潮流，就像作品掛在

牆上的藝術家一樣。要透過海報、型錄和展覽來展現這種藝術，其中所需的設計水準，等同於革命性的發展。想踏入這個世界，你首先需要站在這個設計菁英競技場的門口。

現在，阻擋在我與夢想之間的就是學士論文，引來了如思想家榮格（Carl Jung）與羅莉‧海柯克‧馬凱拉的質疑。我喝了一口朋友遞過來的水，決心咬牙硬撐。

＊　＊　＊

「我認為你應該去。」我的朋友對我說。那是在我讀MCAD四年級的春天，大約是在我提交學士論文的一個月前。他說我應該去，指的是 Nike 提供的少數族裔實習生計畫。「我會去申請，你也應該去。」他說道。

「不，老兄，這是你的事。」我答道。我並不是在客氣。我的朋友是今日所謂的「球鞋痴」，就是一天到晚都想著球鞋，空閒時就在筆記本上畫滿球鞋設計樣式的那種人。那時我專心想著如何將祕傳心理學帶入我的設計作品中，他則是想著如何設計酷炫的球鞋。我們都在 MCAD 就讀，但顯然走的是不同道路。Nike 絕對適合他，而我則心屬沃克，也已提出申請。

不過，他建議我去申請 Nike，也並非臨時起意。我從小熱愛運動與競賽；我小時候不只靠藝術來尋找自我，同時

也受到 1970 和 1980 年代黑人運動員的表現與性格的啟發。沉浸於運動世界中，成了我的日常儀式。我著迷於收集美式足球與棒球明星卡。我去當送報童，由於送報路線頗長，因此賺了一些錢，但更重要的是，我可以更加投入運動領域，牢記職棒大聯盟球員的打擊率與全壘打王，當時這些都是由非裔美籍球員所主導。

這些運動員所創造的文化——反映的是我以前很少經歷的黑人市井文化——已經快速地滲透進入大眾市場。緩慢、但勢不可挽地，比爾·羅素（Bill Russell）與 Converse 全明星帆布鞋（All-Stars）已成明日黃花，讓位給麥可·喬丹（Michael Jordan）和 Nike。我特別提到 Nike，是因為我大部分都是透過行銷媒介，為這些新興的超級巨星掏錢。這些運動員在球場下已成為酷炫的代表——行銷影像與廣告則是成為發電機，引發人們觀賞運動員表演時產生相同的興奮感，群起仿效。我為這些有如藝術的展示而著迷，但卻不了解它們帶給我們的情感是**經過設計**的。這種設計水準與我在大學時所學的，處於完全不同的層次。

現在，讓我們把時鐘撥到 1992 年，你隨處都能看見鮮明的 Nike 叛逆精神。網球明星阿格西（Andre Agassi）在電視上身著螢光綠衣服擊球過網，另一邊，嗆辣紅椒（Red Hot Chili Peppers）則是在 Nike 的搖滾樂網球廣告上激昂演出。再換一個頻道，你會聽到約翰·藍儂（John Lennon）

的歌曲《現世報》（Instant Karma）的一句歌詞「我們都在發光」（we all shine on），這是 Nike 最新的「做就對了」的廣告主題曲。

1992 年春天，Nike 火紅得發燙。時值成立二十周年，在喬丹、查爾斯・巴克利（Charles Barkley）、傑瑞・賴斯（Jerry Rice）與小肯・葛瑞菲（Ken Griffey Jr.）等品牌大使的推波助瀾下，Nike 及其標誌性的商標「勾勾」（Swoosh）無所不在。Nike 的年營收已逾 30 億美元，不再是來自俄勒岡的後起之秀，然而它仍堅持其叛逆態度與革命精神，並在全球快速散播。擁有一雙 Nike 球鞋，不僅是酷炫而已；它代表了你如何看待運動與人生——你爭強好勝，但是贏得有格調。

Nike 一次又一次地站在運動與文化的交會點；Nike 並非單純只是做出回應，而是創造並引導這些交會點。在芝加哥公牛隊的喬丹追求他的第二座 NBA 總冠軍時，Nike 推出了大受歡迎的飛人喬丹（Air Jordan）鞋，以及在超級盃造成轟動的「野兔喬丹」（Hare Jordan）廣告。在這支廣告中，麥可與兔寶寶（Bugs Bunny）於籃球場上聯手擊潰一支惡霸球隊。與此同時，該品牌也在喬丹的後院芝加哥開設了第二家 Niketown 零售店。他們先是推動球鞋的變革，現在又以 Niketown 的概念重新定義消費者的購物經驗。

Nike 的創新，使其在籃球、跑步、網球與交叉訓練等領

域居於主導地位。Nike 全新系列的武士鞋（Air Huarache）一經推出，立刻造成轟動。翻閱那個時代的任何雜誌，都會無可避免地看到一句話狂妄地躍然紙上：「你今天擁抱你的雙腳了嗎？」這是 Nike 保證此創新會讓你的腳十分舒適的承諾。再翻過幾頁，可以看到 Nike 另一個全新系列的運動產品，叫做「全天候裝備」（All Conditions Gear），主力產品是 Air Deschutz 運動涼鞋，該系列產品的標語是「當氣墊遇上空調」（Air Cushioning Meets Air Conditioning）。Nike 的口號也和產品一樣頗具巧思。

就像那個時代所有熱愛比賽與運動的孩子一樣，我完全沉浸於 Nike 所創造的新文化氛圍之中，但對背後原因毫不了解。最奇怪的是，我從來沒有把 Nike 的行銷策略——掌握圖像與情感的手法——視為**設計**。設計是我知道的樣子，是我在學校所學的，也是我要在沃克所做的事情。換句話說，設計可不是賣幾雙鞋子就成了。

然而，在那個春天，我的觀念出現天翻地覆的變化：1980 與 1990 年代，《印刷》（Print）雜誌是全美首屈一指的平面設計刊物，我當然是不會錯過該雜誌的每一期。該雜誌 1992 年春季那一期，有篇文章是介紹 Nike 的圖像設計團隊，附了一張照片，是所有成員站在 Nike 比弗頓新總部深可及腰的人造湖中，而站在這二十幾位設計師中間的是朗・杜馬斯（Ron Dumas），該團隊的領袖，同時也是著名的「喬

丹之翼」（Jordan Wings）海報的創造者——此海報上是一個真人大小的喬丹，身著公牛隊球衣，兩臂伸展，一手握著籃球，下面引用了英格蘭詩人威廉·布萊克（William Blake）的詩句：「一隻鳥只要展翅高飛，牠的高度便無可限量。」

我對這幅海報再熟悉不過了，因為我就有一幅貼在我的大學宿舍內。在那個時刻，我讀完那篇文章後，突然了解我直到今天仍幾乎不好意思承認的事實：這些對我影響重大的圖像與廣告，背後都有**設計師**的手筆（而且持續如此）。這個想法對於當時自詡為設計師的我聽來有些荒謬，但是，我那時候很少想到 Nike 行銷活動幕後的相關人員。現在，他們就在我眼前，站在深可及腰的水裡，看著我。我回想那時候的感覺，有點像是在太空中發現新星球的太空人：它一直就在那裡，只是你沒有看到而已。

現在，我的朋友告訴我，在這個我剛發現的神奇世界裡有一個工作機會。我回到簡陋的大學宿舍，盯著牆上喬丹之翼的海報，感覺他在回望著我，布萊克也以他的詩文在呼喚我。麥可的凝視，還有那句鼓勵更上層樓的詩句，最終說服了我：我要申請實習生資格。

＊　＊　＊

四月初，我得知我的學士論文報告進展順利，眾多關鍵

人物，尤其是羅莉，都對其表示認可。沒過多久，我就知悉沃克藝術中心已決定自 9 月 1 日開始接受我擔任實習生。Nike 的實習生時間是在夏季，意味著我可以兩者兼得——如果他們都願意錄取我的話。儘管我對 Nike 提供的機會感到頗為興奮，我的視野與夢想仍是聚焦於沃克，它代表了我在 MCAD 所學的精華。

我接到 Nike 的電話，通知我被錄取了。當時那位球鞋痴同學也向 Nike 申請實習生資格，他為我感到高興，儘管我可以感覺到他有些失落。這通電話是來自克里斯·阿維尼（Chris Aveni），Nike 圖像設計團隊的領導人之一。通話內容簡短且直接：實習生任期始於六月的第一週，會有一天半的新生訓練。如果我趕不過去（那一天正是畢業典禮的一週後），實習生的機會就必須讓給別人。我當場就毫不猶豫地表示我願意接受。

我看著朋友，克服心中的罪惡感，向電話彼端表示我會趕過去。至於要如何做到，我也不知道。我畢業後一文不名，根本無法去俄勒岡。所幸，我的父母願意把他們的福特經濟型廂型車借給我，這輛車子有一張折疊床，窗戶有窗簾，車身兩側是以噴槍作畫的彩色漸層。我不會抱怨這些花裡胡哨的設計與保險桿上的貼紙，儘管這些都與我自詡為設計師的立場格格不入。對於靠著一位教師薪水來養活七口人的家庭而言，將這部廂型車借給我整整一個夏天，已是我雙

親絕大的犧牲了。

　　我駕著廂型車連續開了二十七個小時，從明尼亞波里斯出發，越過南達科他（South Dakota）的荒原，穿梭於洛磯山脈之間，登上 84 號高速公路，經過景色迷人的哥倫比亞河峽谷，橫跨全國。我終於抵達比弗頓，直接開進 Nike 園區的停車場。這是我在俄勒岡所知道的唯一地址。問題是當天是週四，我的實習生資格是始於下週一，而我在這裡是人生地不熟。於是，接下來的三個晚上，我睡在停車場內的廂型車上，同時希望能找到一間不需預付頭一個月房租的公寓，因為我身上只有 300 美元與一張刷爆的信用卡。

　　這幾天的空閒時間，正好能讓我好好觀察工作環境，我全新的工作場所。當時的 Nike 園區已持續擴建了一年多，新建築不斷完工。每棟建築物都是以對品牌具有重大貢獻的代表性運動明星命名，例如：麥可·喬丹、約翰·馬克安諾（John McEnroe），以及首位奧運女子馬拉松冠軍瓊·班諾特·薩繆爾森（Joan Benoit Samuelson）。這個園區是將博物館、公園與辦公室合而為一。對於我這種運動迷的小鬼來說，這裡簡直就是麥加聖地。儘管我永遠不會成為職業運動員，不過這也相當接近了。更重要的是，Nike 十分了解，創造一個能夠激勵人心的體力勞動環境，有助提升團隊合作、生產力與創新。雖然現在已有許多企業參照這種模式，但 Nike 的獨到之處在於激發創意，而提供一個創意工作空

間，有助於達成目標。這些建築物與環境所反映的正是 Nike 的精神氣質，這是一個致力於激發才華、揮灑創意的場域。你能夠**感受**到這種環境可帶來啟發，並且將這種情感投入於工作之中；Nike 為企業文化設立了一個全新的標竿。因此，Nike 的任何一雙鞋，都不只是一雙鞋而已，Nike 總部也不僅是讓員工上班工作的建築物；建築本身就是 Nike 故事的一部分。那年我 22 歲，看著這一切，心中的震撼是以前無從想像的。

園區的心臟是現代化的博傑克森健身中心（Bo Jackson Fitness Center）。三年前，Nike 推出具有紀念意義的「博知道」（Bo Knows）活動，向全球介紹交叉訓練，我與這個品牌的情感聯繫因此更加深厚。這則廣告對我影響深刻。我 13 歲時，父母為我買了一套裡面填滿砂子的舉重器材，因此，當這項行銷活動出現時，有氧運動與舉重早已是我多年來的日常活動。那一年夏季，博傑克森健身中心成為我第二個老家。

週一，我與來自公司的其他十七位少數族裔實習生參加品牌定位說明會，我很快就發現我是唯一來自其他州的人。他們都是當地人，出身俄勒岡州。說明會是由傑夫・霍利斯特（Jeff Hollister）主持，他是 Nike 排名第三的元老級員工，也是史蒂夫・普雷方登（Steve Prefontaine）的好友與隊友，後者是傳奇性的俄勒岡大學的奧運長跑運動員，也是

Nike贊助的第一位運動員。傑夫鉅細靡遺地敘述公司歷史、品牌價值，以及定義Nike團隊文化的格言。我們學到「從前面引導」的含意，這是普雷方登在長跑比賽時所使用的策略。傑夫向我們解釋如何將此策略運用在品牌與商業世界之中，意思是你若要成為一位創新者，就必須打破傳統，一馬當先，引導競爭的發展。這只是開端而已；來自運動的領導原則，日後將源源不斷地應用在品牌建立上。當天我們離開時，腦中迴盪著普雷方登的名言：「若不盡力而為，就是浪費天分。」

打從一開始，Nike就顛覆了我的預期。誠然，在我九月加入沃克時，可能不會聽到這麼多**勵志**的談話，不過傑夫所談到的觀念，還有普雷方登的現身說法，都可能與沃克所抱持的理念相通：打破傳統、突破界限、精益求精。我還記得我當時在想，這裡具有一種文化——追求卓越的文化。

這種文化令人印象深刻。當時是1990年代初期，這裡是俄勒岡，是許多反主流文化醞釀成形的集中地。珍珠果醬樂團（Pearl Jam）、超脫樂團（Nirvana），以及聲音花園樂團（Soundgarden）等透過收音機推出了一種新形態的音樂——頹廢音樂，這是對1980年代華麗金屬與長髮樂團（我高中時，這種強力情歌經常在大會堂裡響起）的反叛。這種新潮音樂以慵懶散慢與諷刺意味來定義一個世代——同時也定義了我在圖像設計辦公室所遇到的同事的氣質。這間辦公

室具有一種反傳統企業生活的共識：我當時所知道的「商務休閒」風格是來自如香蕉共和國（Banana Republic）或是雷夫羅倫（Ralph Lauren）（我由衷喜愛的風格）等品牌，然而，這間辦公室的衣著風格卻是由短褲、涼鞋，甚至打著赤腳，扣子只扣半截、敞開胸膛的襯衫所主導。我上班的第一天穿著雷夫羅倫的襯衫，扣子一路扣到領口，結果被他們告誡：「我們得教你如何穿衣服。」是的，他們的文化自成一格──一種貶眼以示輕蔑的意味。幾乎整間設計辦公室的人都是本地人：在俄勒岡土生土長，熱愛戶外冒險運動。該部門組織了一支實力強大的壘球隊，隊名是「快餐廚師」（Short Order Cook）──因為他們的任務總是在最後一刻才擺在桌上。還有幾個傢伙是屬於一支叫做書房男孩（Bookhouse Boys）樂隊的成員。

　　就算不是在精神上，至少在氛圍上，我了解我距離MCAD與沃克的世界已越來越遠。我是 Nike 圖像設計團隊中最年輕的，也是這裡唯一的實習生，而我在這裡的經驗是我之前根本未曾預料到的。這些人都極為看重「工作—生活平衡」。他們都是很棒的設計師，但這並非他們的全部，有些人是戶外運動愛好者；大部分的人都熱愛音樂，他們把自己的嗜好、興趣與熱情帶入辦公室，就像是某人把家庭照片放在辦公桌上一樣。我很快就發現，他們在辦公室把大量的時間花在對某人策劃與執行惡作劇上。例如有一個人每天，

真的是每天，都在下午五點準時離開辦公室，於是，有幾個傢伙就專門為他設計了一個時鐘，鐘面上所有的數字都是五，然後掛在牆上取代舊鐘，擺明了他們就是要作弄他。老實說，當我決心以設計為終生事業時，沒想到會進入一個這樣的世界。

他們就像是你在高中時會結交到的朋友，不是工作上的同事。誠然，他們都有熱情，但不僅是在工作上，而這是一個我難以適應的差異。我安靜嚴肅，不過也充滿好奇心，渴望交到朋友。我很快就加入辦公室的壘球隊，因為我發現有幾位同事極為看重這支球隊。然而，我真正的突破，是當某幾位同事邀我共進午餐的時候。他們聽說了那輛「廂型車」，想試開一下。（好傢伙，我有許多事需要感謝這輛車子。）那頓午餐證明了我終於被同事所接受。我終於能夠敞開胸懷，向他們展現自我，而不是實習生的我。我發現他們想認識真正的我，而不是身著我所欽佩的設計師品牌的那個人；他們要的是開著父母的廂型車來到比弗頓的那個人；他們要的不只是一位設計師，而是來自明尼通卡的葛雷格。這就是我要展現給他們的，他們也因此成為我的朋支。

這裡的文化與我所想像的大相逕庭，不過確實有效。圖像設計團隊的領袖杜馬斯將 Nike 標語「做就對了」的精神與氣質，灌輸到團隊成員身上。如果你有一個主意，做就對了。有一些交響樂，經過精心安排，指揮家無所不在，引導

音樂家演奏；但是，也有一些交響樂並不常見到指揮家，不過其作用依然十分明顯。儘管杜馬斯採高度分散式管理的方法，但他的影響力顯而易見。他的期望引導了辦公室內的職業道德與倫理，他的團隊則是一次又一次地達成任務。只有偶爾在辦公室的惡作劇有些過分時（其實經常如此），杜馬斯才會踏出他的辦公室說上兩句。

那年夏天，在這種慵懶、有如吸食大麻一般興奮的辦公室氛圍下，有一人顯得特別格格不入，此人名叫約翰‧諾曼（John Norman）。與諾曼相比，我愛好整潔的個性，看來簡直就等於懶散。這傢伙注重細節已到了吹毛求疵的境界，甚至要求標題的字母位置必須精確無誤：「不是四分之一毫米，葛雷格，是三十二分之一毫米！」約翰瞧不起電腦，然而我在大學一直都是使用電腦從事設計。不過，在約翰身上，我找到了共通點，他與我一樣，都很認真看待設計。約翰也在我身上看到此一特質，於是將我收於他的門下。我從約翰身上學到精確的重要性，這是我所就讀的設計學院沒有特別強調的東西。但是，當你只有一秒鐘來抓住消費者的注意力，四分之一毫米與三十二分之一毫米間的差距就很重要了。

* * *

那年夏天對 Nike 與體壇而言都是大豐收。初夏的時

候，阿格西擊敗戈蘭·伊凡尼塞維奇（Goran Ivanišević），贏得溫布頓網球賽——他的第一個大滿貫賽冠軍。他在賽場上不僅表現精彩，還展現了獨特的風格——他腳踏五彩繽紛的全新款網球鞋 Air Tech Challenge Huarache，身著奔放狂野的運動服飾，直接挑戰溫布頓網球賽單調的全白色運動服規定。當然，他在前幾年就已穿著 Nike 牛仔短褲上場了。

麥可·喬丹與他的公牛隊所向披靡，那年六月與波特蘭拓荒者隊爭奪 NBA 總冠軍。當然，最後是喬丹與他的公牛隊贏了，自此之後，他們在接下來的十年繼續稱霸籃壇與整個運動世界舞台。NBA 總決賽結束，緊接而來的是美洲盃籃球錦標賽（Tournament of the Americas），波特蘭是主辦城市。這是史上第一次集結 NBA 球員組成夢幻隊出賽；在那之前，美國籃球隊都是由大學球員組成。這些聚集在波特蘭的 NBA 超級球星，是來自美洲盃籃球錦標賽的其他職業球隊，他們是為了巴塞隆納奧運預做準備。

我對籃球與超級球星的熱愛在那一年的夏季獲得滿足，並在巴塞隆納夏季奧運達到高潮，因為美國夢幻隊奪得金牌。Nike 也大獲全勝，因為在球場上的大部分球星都是由其贊助的。Nike（總是）在最完美的時機，推出以夢幻隊為動態動畫角色的廣告。不過，這屆奧運還具有其他歷史意義——這是終結種族隔離政策的南非，自 1960 年以來首次參加奧運。

依我來看，我們還見證了可謂「做就對了」最偉大的歷史時刻。英國短跑運動員德里克・雷德蒙德（Derek Redmond）參加 400 公尺準決賽，不幸在場上跌倒，拉傷大腿後側。他站起來，開始蹣跚跛行，他的父親從觀眾席衝出來，推開保全人員，來到賽道，扶著德里克抵達終點。其中最爲壯烈淒美的場面──至少對 Nike 而言是如此──是德里克的父親戴著一頂寫著「做就對了」標語的帽子。這已不是行銷，而是天意了。

身爲設計團隊的一員，我和辦公室的每個人共享其中的成就感與驕傲。那年夏季在體壇造成轟動的標誌、活動與廣告，我雖然沒有參與設計，但我仍有所體會，而這是我以前作爲設計師所沒有過的感受：我感受到我們的作品具有意義，我們是國民對話的一部分；這不是設計師偶爾的自言自語，而是隨著世界共同前進，甚至塑造一些世界級事件。這並非我在 MCAD 就讀時期不屑一顧的「流行」設計（當時我一心想進入沃克的菁英世界），這有所不同。就如同人們被運動員的精彩表現激發出情緒反應，也有人自 Nike 的行銷行動中感受到喜悅與人生意義。這是一種發自肺腑的本能反應。

我擔任實習生的那年夏天，也正是 Nike 引進首部 Apple 麥金塔電腦（Macintosh）的時候。我與 Apple 電腦間的關係始於 1982 年，當時父親買了一台 Apple 二號（Apple II）

回家。由於買不起顯示器，我們是以家裡的黑白電視來充當螢幕。這台電視的頻道轉盤已經失蹤，我們只好用鉗子來回切換電視與電腦的頻道。這是我首次體會到類比科技與數位科技相互融合的經驗，同時也讓我了解科技既可以激發創意，也可能限制創意。一套華而不實的電腦程式絕非創意的替代品；創意一定是居於首要的地位。不過，麥金塔來到Nike的時機真是再好不過，是我在此揚名立萬的絕佳機會。我的同事都沒有使用麥金塔的經驗，而剛自校園出來的我，卻是對麥金塔作業系統的運用得心應手。我被指派的工作並非影印文件或建檔；麥金塔提供給我一個大顯身手、向團隊展示我設計才華的平台。

實習生的職位為我帶來了非凡的設計機會，因為我不必充當其他設計師的助理。我完全是獨立作業，也必須向高層證明自己的能力。上級指派我與其他幾位經驗豐富的設計師，為一位雙項運動超級明星迪昂・桑德斯（Deion Sanders）設計標誌。桑德斯即將代言 Nike 的新球鞋 Air Diamond Turf，這是第一雙針對棒球與美式足球員設計的交叉訓練鞋。這個標誌必須要能夠表達桑德斯的技術、風格與態度（黃金時間〔Primetime〕），也必須說出一個故事，同時還要激發出反應與情感，就像喬丹騰空單手灌籃的標誌（Jumpman）一樣。當然，此標誌還必須涵蓋兩種運動，即棒球與美式足球，以及桑德斯的球衣號碼與姓名縮寫。

要將上述所有資訊納入一個只有 25 美分硬幣大小的標誌內，並不是一件簡單的工作。我毫無準備，但又無法依賴在大學裡所學到的設計技能，因為學校教的大都是平面導向的內容。在學校裡，我設計的都是海報、酒瓶標籤、郵票與型錄之類的東西，其目的是提供一些之前沒人做過的、新奇獨特的設計。我熟知這類設計，人們會往後站幾步，欣賞幾分鐘，從各種角度發現一些新鮮的東西。可是，這跟為超級明星設計標誌完全是兩回事；獨特並非設計標誌的目的，其真正目的是要激發反應，讓消費者在看到標誌的瞬間，引出他們與品牌間的情感聯繫。看看喬丹的騰空單手灌籃標誌就知道了──簡潔有力，雖然僅僅是一個黑色輪廓，卻能自其動作激發出認同感、快感與詩意。這才是一個標誌所要達到的目的。

這是我完全陌生的領域，但我又不敢向別人提起。我看著四周其他參與此項工作的同事，他們顯然都是依循老式的做法：用手在紙上畫草圖。我則是使用 Apple 電腦的 Adobe 繪圖軟體。我以為這是我的優勢，但結果證明是一道阻礙，而且我的主意，儘管是原創，卻缺少內涵，換句話說，就是少了桑德斯。電腦適合列印傳播，卻不適用在標誌的設計上，因為目標是要在紙上釋放你的想像力，讓大腦來引導你的雙手。這種老式技巧，雖然有些原始，但也正是 Nike 設計師用來挖掘標誌的情感聯繫所在的方式。然而，我當時少

不更事，又狂妄自大，不願放下我熟悉的數位工具。我深知這是一場艱難的挑戰，卻仍硬著頭皮前進。我絕望到打電話給我的教授，向他敘述我的難處，求他指點迷津。他只說道：「標誌設計是老一輩的玩意兒。」嗯，這顯然沒有幫上忙，我那時候年輕氣盛，這對我也沒有什麼幫助。

我設計的標誌沒有入選。我備受挫折，因為在我年輕的設計生涯中，我未曾有過這樣的經驗。我的直覺反應，是感到我可能不適合這個地方，但我的主管很快就讓我打消了這個念頭。他解釋，在發想創新的過程中，你不可能輸的。你靠著時間換取空間來打贏這場仗；你在期間所學到的東西，會讓你在下一次挑戰時更加堅強。當然，他說的沒錯，但我仍拋不開過去所學的設計、在這瞬間情感的動態情境中毫無意義的感覺。我無異於短跑界中的馬拉松選手。

或許是感覺到我的挫敗感——又或是為了獎勵我在夏季的表現——朗·杜馬斯帶我去參加向汀克·哈特菲爾德（Tinker Hatfield）說明入選標誌的會議，後者是公認最偉大的球鞋設計大師。的確，這件事確實減輕了我的痛苦。

* * *

夏季結束了，我把最後一個週末花在觀賞巴迪·蓋伊（Buddy Guy）與比比金（B.B. King）在胡德山藍調音樂節

（Mount Hood Blue Festival）令觀眾陶醉的演出。我以爲這是我最後一次來到比弗頓。當然，在我被狠狠地惡整一番之前，他們是不會讓我離開的。在我任職的最後一天，我走進辦公室，發現掛了一幅有牆壁那麼大的廂形車海報，前面還蝕刻了一句話：「開車時別只顧著設計。」這個玩笑幾乎沒有惡意，我猜想他們也許認爲我有一天可能還會回來，因此玩笑沒有開得太過火。總之，我最後與他們道別，駕著廂型車返回明尼蘇達，開始我在沃克的實習生日子。這是廂型車最後一趟的旅程。我自三個月的 Nike 實習生薪水裡設法存下 500 美元，比我最初來到這裡時還多了 200 美元。但是，煞車在回程中壞了，修理費就花光了我的 500 美元。因此，我回來時就和當初離開時一模一樣：一文不名。

我很快就在沃克開始我的實習生日子，感覺自己好像在突然之間被丟回我過去曾經愛慕與欣羨的世界。如果說在 Nike 的實習是三個月趣味橫生的短暫生活，沃克就嚴肅多了。這裡沒有短褲與 T 恤，也沒有壘球隊與辦公室內的惡作劇。這是一個定義藝術水平的地方，而且你最好不要辜負達到此一水平的要求。你的設計作品必須尊重過去，同時也要定義未來。雖然壓力不小，但也有等量的自由空間，來試驗與創造沃克的視覺傳達計畫，通常是針對非常小眾的特定觀眾。

我在這裡擁有充分的機會，拓展博物館的觸角並策劃藝

術展覽，以吸引水平相對較低的新觀眾。我被指派擔任第一屆麥爾坎·X（Malcolm X）全國藝術展的設計負責人：畫廊裡集結了多位藝術家紀念這位民權領袖的作品，這些作品分別完成於他的生前與死後。展覽的高潮，是特別放映由史派克·李（Spike Lee）導演、丹佐·華盛頓（Denzel Washington）主演的傳記電影《黑潮麥爾坎》（*Malcolm X*）。就和那時候與之後大部分的美國黑人青年一樣，這部電影觸動了我的心弦。這並不代表我認同麥爾坎，但我能體會他尋求身分的艱辛。麥爾坎腳踏兩個不同的世界，與過去的非裔美籍民權領袖分道揚鑣，為黑人爭取權利的鬥爭開創新路。

我記得我年幼時的運動明星，是如何透過在運動場上的表現，與他們在 Nike 濾鏡下的公眾形象，來開創爭取權利的道路。我發現我與他們休戚與共，藉由他們，我找到力量和希望，他們的精神與我同在。小時候，我僅是一名觀眾，然而，作為 Nike 的實習生，我成為創造這些時刻的一員。1992 年的夏天出現多個這樣的時刻——從喬丹蟬聯 NBA 冠軍、歷史性的夢幻隊，到賈姬·喬安娜－克西（Jackie Joyner-Kersee）贏得七項全能——我和辦公室內的所有人一樣驕傲無比。為什麼？因為 Nike 與這些時刻密不可分。我在擔任實習生時，已嘗到這種滋味，而我想要更多。在 Nike 內部，設計師是與文化潮流連動，對重大事件做出回應，形塑人們對運動世界的看法。我想加入其中。更重要的

是，Nike西海岸據點甘冒大不韙與反主流文化的所作所爲，影響力強大。我收到來自比弗頓新朋友的來信，他們問我什麼時候回去，並且大開我們在那個夏季共事時的玩笑。

當時是四月下旬，我在沃克擔任實習生已過了八個月，當我接到Nike的電話，表示他們爲我保留了一個設計職位，我大感興奮。這項提議只有一個條件：如果我不能在5月15日報到，一切免談。當時Nike成長快速，急需人手來拓展品牌，因此，這項提議沒有絲毫彈性。我經常想起在Nike的日子，所以當我一接到那通電話，我的心與靈魂就開始飛向那把勾勾。可是，我在俄勒岡也還有未完成的工作。然而，我覺得如果我繼續留在目前的道路上，便無從發現其他深具意義和成就感的潛力道路。毫無疑問，我想去Nike。

現在只有一個問題：我必須告訴羅莉。羅莉是我的導師，我從她那兒學到許多東西。有一天，我在繪製設計圖，細心地配置各項元素，她突然從我手中搶走滑鼠，在電腦螢幕上隨意滑動，攪亂設計圖。我嚇壞了，但這也正是我需要的。羅莉表示，重點是停止追求完美。放鬆一點，你會開始發現新的創意領域，你的觀衆也會。她說的沒錯。我向來太過謹愼，直到今天，她的教誨仍不時在我耳邊響起，不斷推動我超越期望。

我尊敬羅莉，但在某些方面又挺怕她的。試想如果你告訴《時尚》（*Vogue*）雜誌的安娜·溫圖（Anna Wintour），

你不想再擔任她的實習生，她會有什麼反應。是誰竟然想離開全球創意聖地……到運動界工作？我該怎麼做才不會失禮？不過，當我最終告訴她，我需要相信我的直覺，將我從她那兒的所學，應用於具有全球影響力的舞台上時，我得到了她的祝福。

我需要這樣的結局。我必須確定在我最敬重的人眼中，這項決定是正確的。

在我那年夏季於 Nike 所學到的東西中，影響我決定的關鍵是：**情感是重點**。我擔任實習生的期間，恰恰是 1992 年夏季體壇盛事接二連三發生的時期，這也有助我的決定。那年夏天，有喬丹與公牛隊、奧運、夢幻隊。阿格西身著全白的 Nike 服飾，包括一頂印著勾勾的帽子，贏得溫布頓網球賽冠軍，此結果也促使 Nike 決定改變標誌。此外，還有一些創意大膽的廣告，例如「哥吉拉對決查爾斯・巴克利」（Godzilla vs. Charles Barkley），內容是鳳凰城太陽隊的球星在東京街頭單挑這頭怪獸。在這股非凡的創意能量之下，Nike 專注於建立品牌，將運動的定義拓展至球場、運動場與運動明星之外的領域。那句俗話「待在你的車道」（Stay in your lane）在這裡並不適用，我們總是將我們的車道與文化潮流合併。對於 Nike 與我這樣的年輕設計師而言，這是一段令人振奮的時光，不過，我不知道這才只是剛開始而已。

在 Nike，我們攪動觀眾和消費者內心深處的情感，不

只要讓他們買單，還要讓他們感覺自己是故事的一部分。沃克一直以來聲譽卓著，吸引了全球最頂尖的藝術家，同時也敦促自家的設計團隊聚焦於時代最尖端的藝術。我知道我在這裡會十分快樂——如果我沒有那段 Nike 經驗的話。藝術家會說藝術可以改變世界，這是真的。但是，我在 Nike 了解到，唯有當人們受到啟發或激勵去追求卓越時，藝術才會真正感動人心。我發現 Nike 才剛開始了解品牌能對人們的情感造成影響，仍有許多東西尚待開發與挖掘，也就是說，將運動與熱情相結合以感動世界的行動才剛起步，我不想錯過這個大好機會。

於是，我再一次開了二十七小時的車回到波特蘭。這一回，我開的是自己的 GMC 吉米多功能休旅車（GMC Jimmy），較雙親的廂型車升級了，但也失去了廂型車的魅力與神祕感。我的新工作是在 Nike 的圖像設計部，位於新落成的諾蘭萊恩大樓（Nolan Ryan Building）內。諾蘭‧萊恩是我童年時的偶像，他曾入選名人堂，是大聯盟的三振王，也曾經是大聯盟球速最快的投手。這又是一個達到偉大標誌的楷模。

我上一回駕車來 Nike，感覺只是暫時性的，但這一回感覺卻是永久的。我知道我已決心不再返回明尼亞波里斯。在藝術與運動之間已別無選擇，它們密不可分，永不分離。

EMOTION
by
DESIGN

第二章

創造力是
團隊運動

這是我們每週一次的品牌行銷員工會議，大家圍坐在桌前，分享工作進度與計畫。參加這樣的會議，你坐在哪裡是一門學問，因為你不想要第一個被叫起來報告近況。倒不是因為你無事可報，而是因為品牌團隊都很忙，你需要在別人報告時準備你的報告。有的時候，你會選到正確的座位，有的時候則不會，假如是這樣，你就是第一個報告的人。

我們正準備開會時，會議室的門打開了，一位不速之客走了進來，他是大名鼎鼎的 K 教練（Coach K），偉大的麥克·沙舍夫斯基（Mike Krzyzewski），國家大學體育協會（NCAA）五屆全國總冠軍、杜克大學藍魔鬼（Duke Blue Devils）籃球隊的總教頭。我猜想，那一刻，在座每一位的內在小孩都是歡呼不已。K 教練發表了一席精神訓話，好似我們是坐在更衣室內，五分鐘後就要上場比賽。老實說，我不知道大家為什麼能夠表現得那麼鎮定──彷彿我們以前也有過這樣的經驗。

如果事情的經過只是這樣，就純粹只是我的 K 教練故事──一個運動迷小鬼在長大後實現了美夢。然而，那一天，K 教練為我們帶來了更深層的意義，之後多年來一直在我心頭迴盪。他本可對一支籃球隊精神訓話，而不是一群品牌行銷專業人士。不過沒有關係，他的訊息具有普世價值，對本書來說尤其重要。

「你們的優勢是你們的眼睛。」K 教練說道，環視圍坐

在桌旁的我們。「你們看到別人沒有看到的。作為一支行銷團隊，你們的視野讓你們與眾不同。」了不起，這是一個完美的比喻。我們所看到的、我們如何看到的、我們所選擇看到的，以及我們如何向別人展示我們所看到的，都是品牌行銷者的工作。

精神訓話結束了，K 教練祝我們好運，也感謝我們為他的計畫所做的努力，然後離開會議室。該是上場的時候了。我必須承認，我以前看杜克不順眼。我是大東聯盟（Big East）、尤其是喬治城（Georgetown）的球迷，直到現在，我還是對克里斯汀‧雷特納（Christian Laettner）在 1991 年四強賽事擊敗內華達大學拉斯維加斯分校（UNLV）耿耿於懷。但是，在那一刻，看到 K 教練親自現身說法之後，不管他們有什麼要求，要我去當他們球隊吉祥物都行。

作為品牌行銷者，我們的工作是以新奇、具有深刻見解，有時又略帶挑釁的方式，向我們的觀眾展示這個世界。我們具有 K 教練所謂的「視野優勢」，也就是說，我們能以別人沒有的洞察力來發掘事物的本質，透過圖像、影片、活動、建築與產品，將我們所看見與所體會的觀點，展示在觀眾眼前。假如認為我們只是以最貼近市場的方式，推廣品牌與產品，那就大錯特錯了。我們並不是銷售產品；行銷者是在說故事。不論媒介為何，我們都是透過意義深刻的故事，分享品牌價值與宗旨，感動我們的觀眾，引發他們的情

感，進而在消費者與品牌之間建立聯繫。

在整本書中，我們會談到許多有關我們品牌行銷的過程：我們要如何說出最有效的故事來連結消費者？我們從哪裡開始？要尋找什麼？但是，在展開這些故事之前，我們首先必須奠定基礎。在接下來的各章中，我們會看到我所參與過的、每一個成功的品牌行銷活動中必備的元素，一個接著一個。

其中，有一項重要元素，是許多激勵人心的創意的泉源：同理心。這是我們了解與分享他人情感的能力，讓我們能更深刻地理解事物的本質，幫助我們塑造與人們相關的故事。由於同理心，我們才能超脫自我，開始尋找能夠感動別人的事物。他們關心的是什麼？他們的喜悅來自何處？他們害怕什麼？他們需要什麼？他們的夢想是什麼？我們的品牌該如何連結他們的情感？我們的產品又該如何滿足或舒緩那些情感？有了同理心，我們便開始具備強而有力的觀點，進而激發我們述說故事與經驗。

這個過程不僅僅是如解釋的那樣簡單。本書中的許多內容，會帶你走一遍我所經歷的過程，以及我在 Nike 近三十年的經驗。我們並非因為擁有龐大的預算，才能創造出行銷史上最令人難忘的活動。我們之所以有此成就，是因為我們能夠與觀眾溝通——碰觸到消費者的心理——達到感動他們的層次（少有品牌能做到這一點）。要知道他們為何感動，

首先必須了解他們與我們的主題，不論是產品、運動員，或是某一事件。

我們大都能理解與接受，並非每個人看待世界的觀點都與自己相同，然而，困難的是產生那種欲望——好奇心——學習別人看待世界的方式。如果我們要與受眾連結、透過對創意的投入來建立情感的聯繫，就必須以不同的方式看待世界。K 教練說我們具有視野優勢，但卻沒有告訴我們該如何培養。現在，由我來告訴你們。

可惜的是，光是**你**了解還不夠；你的組織也必須了解。換句話說，你的組織——你的品牌——必須具備經過深思熟慮的意圖，才能在創意討論中激發同理心：無論是在你的團隊、你的部門，或是你的公司裡。唯有如此，你才能找到可以感動消費者、建立聯繫的深度洞見，讓優秀的品牌變成偉大的品牌。

創意的化學作用

1997 年，所向無敵的巴西國家足球隊在羅納度（Ronaldo O Fenômeno）與羅馬里歐（Romario）兩大悍將的領軍下，在邁阿密的橘子碗（Orange Bowl）與墨西哥對陣。不過，這場在南佛羅里達的比賽並不屬於世界盃。事實上，這

場比賽的結果與任何聯盟都沒有關係，也無關紀錄。這是一場在美國舉行的表演賽，純粹就是爲了比賽的喜悅。這是Nike 的巴西世界巡迴賽（Brasil World Tour）最初的一場。巴西世界巡迴賽是一項爲期多年的活動，主要是帶著巴西球隊環遊世界，與當地球隊進行友誼賽，由 ESPN2 負責對美國國內轉播，當地電視台與其他全球性的電台則是負責國際轉播。在 1990 年代末，這已算是在奧運、世足盃與超級盃之外最大的體壇盛事了。

這項合作關係是強化 Nike 在國際足球市場地位的大膽嘗試。在 1996 年底，足球鞋的銷售額僅占 Nike 所有運動鞋銷售額的百分之一。[1] 這項爲期多年的體壇盛事，是讓全球最具吸引力的足球隊每年在數百萬觀眾面前表演球技，同時也幫助 Nike 在該領域建立強權的地位。

不過，還有另一個原因影響了 Nike 的決定。巴西足球向來被視爲「創造力是團隊運動」的理想代表，事實上，這個國家已創造出一套踢足球的獨特方式，稱做「Ginga」，字面意思就是「搖擺」。Ginga 是巴西運動文化的體現，深受巴西武術和森巴舞的影響。相對於簡化的紀律與基本動作，它強調的是優雅與格調。巴西傳奇球王比利（Pele）就曾說過：「我們要跳舞，我們要 Ginga。足球不是打得你死我活。你必須玩得漂亮。」[2]

Ginga 風格強調個人球員，允許他們有「玩得漂亮」的

自由。在此一風格下，巴西球員的多樣性——每位球員的鮮明個性——成為其優勢。當然，球隊之所以選擇這些球員，是因為考量到他們對球隊的貢獻，但並不是以如電影《魔球》（Moneyball）那種精確計算的方式。每一位球員都豐富多彩，擁有獨特的故事與風格，也都勇於在球場上一展身手。相對於以高效率與高性能來組織球隊，巴西足球隊是著重於球員的創意發揮，從而創造刺激、難以捉摸、主導比賽的獨特風格。他們在場上盡情發揮，同時也贏得比賽。巴西球員的氣質，也不同於當時大部分球隊所依循的一板一眼、有條不紊的「德國風格」，這種風格追求一致性，自由發揮的空間也因此受限。巴西靠的是創意的化學作用，並不是精準的計算，而是將多種元素混合與配對，從而創造出獨一無二的東西。因此，球場上可以看到有些球員特立獨行、有些大玩魔法，還有人死纏爛打，使得整場比賽趣味橫生。在一般情況下，這可能是球隊的災難，因為球隊需要球員無縫配合，尤其是如足球這種攻守變化快速的運動。但是，巴西足球隊卻成功了，而且有整整一個世代都獨領風騷。

在 Nike，我們深信已找到一支球隊，能夠完美體現我們支持與鼓勵創新的態度及創意。我們是一個打破傳統與舊習的品牌，集結了一批特立獨行的人才來組成團隊，在創造力、述說故事等方面領先業界，與我們的消費者建立了強大的情感聯繫——正如巴西人民與其球隊間的聯繫。

在巴西世界巡迴賽期間，我還是一位年輕的 Nike 設計師，被指派為巡迴賽進行品牌行銷、藝術指導與體驗設計，同時還要為 Nike 的其他品牌進行設計，以便為來年的巴黎世界盃預做準備。我在 Nike 的前五年往往就是這樣，沒有人問過我是否勝任這些計畫；他們會直接交辦下來，並假設我能達成任務。我不是建築師，卻必須設計一家商店。我不是寫手，卻必須交出一篇文案。我不是製片人，但我必須透過影片來說故事。在那個時候，你大都是單兵作戰，別無選擇，只能自己去找資源，在需要時尋求幫助，相信你的膽識與才能。

我設法爭取前往巴西的戈亞尼亞（Goiania）去拍攝國家足球隊，這是該隊與 Nike 建立夥伴關係之後的首次拍攝行動。我們幾乎可以完全接近球隊，在當時是非常罕見的情況，因此，我們無論是在場上或場下，都跟著球員一起行動。當時我和我的組員對於拍攝已有腹案，不過我們離開時，卻留下更好的東西。

我們是在一場免費對外公開的表演賽上進行拍攝。這對球迷來說是一大福音，但從安全的角度來看，卻是不智之舉。麻煩起於兩位球迷穿過無人看管的壕溝，攀越圍繞體育場的柵欄。警衛或許還能應付零星幾位過度熱情的球迷，但星星之火足以燎原，很快就有數百名球迷開始攀越圍欄，進入球場。於是，水壩潰堤，警衛被人潮吞沒。

我在千鈞一髮之際，發現我和攝影小組正位於數百名興奮的球迷前面，我立刻指示組員將羅納度圍在中央以阻隔人群——他當時可是這個星球上最傑出的足球員。球迷蜂擁而上，我的組員有好幾位都被沖散，人群更加靠近羅納度了。我注意到羅納度在對我說話，他說的是葡萄牙語，我只略知一二。我大概聽懂他要我的組員站開，讓球迷……讓他們靠近他。我不知道該怎麼辦。我可不想成為任由全球最受歡迎的足球明星被球迷撞倒而受傷的人，但我也知道，假如繼續讓我的組員攔阻人潮，這樣的情況遲早都會發生。因此，我帶領組員讓開，讓球迷從我們身邊通過。結果，他們並沒有撞倒羅納度，他們視他為偶像，只想站在他旁邊。於是，他們原本狂亂的行為，在這一瞬間轉化為情感聯繫的時刻。

　　這次經驗對我的拍攝造成重大影響，我放棄了我們原本的腹案。除了決定以黑白紀錄片的方式來拍攝球隊，還要將熱情的巴西群眾納入鏡頭，當中有許多人都是來自這個國家經濟貧困的地區。然而，我的構想並未受到巴西足球協會高層的青睞，他們要的是球員英姿勃發的影像。可是，我沒有退讓。我爭辯巴西足球不僅只有球員；它也涵蓋了群眾，那些熱愛足球的球迷，以及所有的熱情、靈魂與圍繞球隊的文化。全世界沒有一個國家能像巴西這樣，為足球投入如此高昂的熱情。如果巡迴賽與我們拍攝的目的，是要向全球展示「世界的球隊」，我們就應該闡明這支球隊對民眾的意義。

我的構想最終獲得同意，我們開始拍攝球員和球迷，藉此述說一群特立獨行的人組成一支球隊的故事，以及這支球隊對其球迷的意義。

我在巴西世界巡迴賽的經驗，尤其是我們處理戈亞尼亞事件的方式，凸顯了同理心的力量，以及各個不同團隊所帶來的創意魔法。我在現場克服了我的恐懼之後，開始了解這支球隊的真正意義所在，它體現了這個國家的希望與夢想，很少有運動團隊能做到這一點。這是一種領悟；我們的同理心，將拍攝一支球隊，變成群眾的慶祝和文化。與此同時，我也體驗到巴西足球隊是如何將獨特的球員齊聚一堂，引領他們朝同一方向前進。我想，或許這個經驗能夠解釋 Nike 在協調創意領域獲得成功的原因。Nike 在成立團隊與促進團隊間的互動方面並非完美，不過也確實發展出一套鼓勵冒險、充分利用多樣化的個人技能與才華的過程。從事後諸葛的角度來看，我是在幾年後才學會應用這些觀念，然後又花了更長的時間，才理解我的方式為何成功的原因。這一切都始於巴西與一種名為 Ginga 的華麗風格。

◎ 新角色與工作的新方式

我在 2010 年成為 Nike 全球品牌創意部的副總裁，職責

是領導與重組品牌行銷機能，負責述說故事與體驗。此一頭銜與工作都是首創的。我們整合了廣告、數位行銷、品牌媒體、品牌設計、零售與活動行銷；將這些機能全部置於一把傘之下，而我就是拿著這把傘的人。儘管在實行上有難度，但重組的目的相對簡單：將各團隊結合起來，讓我們在創意輸出方面有更統一的方式。我們需要使各個團隊從一開始就在一起工作，善用彼此的觀點與經驗，建立一個概念或活動，同時具備相同的中心思想（深刻的洞見）與品牌推廣。我們的目標是建立一個創意聯盟，讓我們自不同的平台與管道釋出更多的創意能量，從而實現構想。至少就長期而言，這是我們的規劃。我們立即的目標，是將各部門從孤立的穀倉中拉出來，減少各部門間的保護主義與陋習。

這個新組織為 Nike 帶來了現代行銷時代，一個被定義為「數位第一」的時代——我們在線上網站、社群管道與應用程式上，透過世界級的藝術指導、品牌推廣與述說故事，來整合我們的品牌識別度與聲音。現在，我們已正式進入一個時代，電視、印刷媒體與廣告看板等媒體，不再主導我們與消費者之間的溝通。現今，是數位平台，更具體地說——是手機，成為品牌行銷領域的主導力量，其速度之快，甚至超越 1950 與 1960 年代的電視。我們需要一套能和消費者眼球一樣快速轉動的結構，同時還必須保持靈活，以因應這些新管道所帶來的驚人消費率。在過去，你可以控制消費者看

到你內容的速度──在特定時段、特定頻道出現的廣告；在特定地方、提供給特定數量的訂戶的平面廣告。但是，線上影片呢？它可能在一天開始之際如病毒一般快速散播，然而到了一天結束時，卻已成為舊聞。遊戲方式已經改變，Nike的行銷必須引領變革。在接下來的八年間，Nike的營收成長了一倍。

這個新的數位時代給了我們大量的工具，有助於邀請新的消費者加入我們的品牌，並在各個平台上與我們互動，從而在全球建立共同的熱忱。每個部門在持續專注於自身專業的同時，也會更加強調共同的目標。我們能夠用前所未有、更加親密且貼近個人的方式來述說故事，發揮大規模的想像力，透過運動來結合國家與文化。

◎ 創意夢幻隊

當我在 2020 年初自 Nike 退休時，我為我的老友與同事發表了演說，強調一支團隊裡每一位成員的價值。對我而言，這就是 Nike 的成功之道。如果團隊不能運作，就別無他法了。所有的事情，都有賴每一位團隊成員貢獻自己最大的力量，然而，也應避免任何一位成員主導過程或遭到遺漏。要達成這樣的平衡並不容易，尤其是因為構建一個團隊

的要件，有時看來十分反常。不過，就像巴西國家足球隊，只要你做對了，奇蹟就會出現。如果你無法了解正確的團隊是成功的開始，便無從體會我接下來要說的故事。我在那天晚上的演說中闡述了三項要素，我認為這些要素不但能產生最好的創意結果，也能塑造最令人滿意的創意工作文化。

擁抱夢想家：我在演說中首先強調要擁抱「夢想家」，指的是團隊中以右腦思考的成員。他們的怪癖，怎麼說呢？甚至可能會逼瘋我們。傳統上，右腦思考的人，也就是往往會問「如果是這樣呢？」或「為何不那樣呢？」這類問題，或者總是會避開流程或順序的人，他們向來不受美國企業界的歡迎。相較於創意，美國企業界更為看重分析的思維，因為此一特質才符合其階級式的組織結構。是的，夢想家並不容易相處，但是，強調創新的品牌必須招募他們。創意文化中勇於冒險與突破現狀的特質，將是品牌的競爭優勢。

讓安靜的聲音說得最響亮：接著，我談到「安靜的一群」。許多組織都有一個錯誤的觀念，認為組織內最響亮的聲音就是最聰明的聲音，然而在大部分的情況下，他們只是聲音響亮而已。根據《安靜，就是力量》（*Quiet: The Power of Introverts in a World That Can't Stop Talking*）一書的作者蘇珊·坎恩（Susan Cain）指出，全球有三分之一到一半以

上的人口，都是屬於個性內向的人。坎恩表示，如果這樣的比率聽起來很高，那是因爲大部分性格內向的人都會隱藏自己──讓自己消失在不受注意的背景之後，或是勉強說幾句話，附和嗓門最大的人。安靜的人往往不會把時間花在說話上，而是去想像一個美麗的新未來，這是高績效團隊不可多得的能力。史蒂芬・史匹柏（Steven Spielberg）、賴瑞・佩吉（Larry Page）和愛因斯坦（Albert Einstein）都是出了名的內向，但他們對電影、科技與科學的貢獻改變了世界。因此，請給予個性內向的人，所需充分發揮的時間與空間，讓他們能夠思而後行。

多樣性是氧氣：無庸置疑，工作場所內的多樣性一直是我們這一行的目標。根據《行銷周刊》（*Marketing Week*）2020年的事業與薪資調查顯示，3,883 位受訪者中有 88％是白人、4％是混血、5％是亞裔、2％是黑人。[3] 這也難怪我會鼓勵同事持續招募外界人士，也就是在我們辦公室與董事會上比率最少的人。多樣性意味著辦公室的公平性，給予少數族群過去不可得的機會。不過，多樣性還有另一層意義。我們所談的是 K 教練的視野優勢，也就是我們看得到、別人卻看不到的能力。一支同質性高的團隊，不會具備能夠發現新觀點與深層事實的生活經驗或知識。如果團隊「看不到」深刻的觀點，就無法創造故事或是與消費者情感聯繫的體驗。多樣性

是創造過程中不可或缺的氧氣。若要建立一支能夠自由充分地發揮創意的行銷夢幻隊，就必須著重於來自種族與性別的多樣性，善用每位成員擁有的不同技能、生活體驗與觀點。

有太多品牌都是建立在文化的同質性上，他們建立的團隊，往往是圍繞著領導者或是相對有成就的人的個性；他們其實是自我設限，而且還不知道根本就是作繭自縛。他們避開右腦夢想家，認為這些夢想家與其他人相處不來。他們無視安靜的人，因為他們認為羞怯就是懦弱與無知的表徵。他們只會出於方便與友善而選擇與他們類似的人。假如一支團隊沒有上述所提的特質，他們的品牌只會流於自滿、欠缺創意。

你必須**盡可能**建立一支最好的團隊。你必須挑戰自己，接納思維與你不同、談吐與你不同、長得也不像你的人。創意之旅並非始於讓團隊坐下來思索創意，而是始於構建一支團隊。

62 次傳球

在 2021 年 4 月一場對陣畢爾包競技俱樂部（Athletic Bilbao）的比賽中，巴塞隆納足球俱樂部（FC Barcelona）已經三比零領先，接著又發動一波二分鐘半內 62 次傳球的

攻勢，最後以梅西（Lionel Messi）一記精彩絕倫的進球結束。這樣的表現對於這支球隊而言並不罕見，該隊曾經有過40幾次傳球的紀錄。這是因為巴塞隆納足球俱樂部依循一種叫做 tiki-taka* 的踢法，這是西班牙發展出來的風格，特色在於短傳、保持控球權與建立防線。簡單地說，就是巴塞隆納足球俱樂部將團隊默契展現得盡善盡美，每位隊員都能密切合作，相互了解對方的思維，準確預測彼此的動作，最終攜手邁向勝利。

將球傳來傳去，共享場上的能量——甚至是在操縱防守的前提下製造能量——每一腳都有作用，儘管剛開始時可能不易察覺，但是幾腳下來就益趨明顯，直到那一刻到來，破網得分！

有時候，競爭激烈的工作環境會導致缺乏共享的功能。不論是一支小團隊，或是橫跨多座城市與地區的團隊，創意文化都有可能出現「不是這裡發明的，在這裡沒有這回事」的症候群。換句話說，不但不歡迎別人的創新，反而還會排斥。因此，有的球隊非但不傳球，反而還會停止 tiki-taka 的踢法，把球帶回家。沒有創新的動能，就會一事無成，結果就是一些個別的球員吵著要球、單打獨幹。

當我們於 2014 年展開一項利用新興數位科技來強化消費

＊　譯注：tiki-taka 為西班牙語，意即快速跑動與短傳。

者體驗的現場活動時，這樣的心理正是我竭力想要避免的。在策劃初期，我就對所有參與此一未來概念的團隊耳提面命，千萬不要在創意上有地域觀念。共享與依循另一支團隊的創意不僅沒有關係，甚至是值得鼓勵的事情。畢竟我們都是在同一個團隊裡。如果有某位隊員踢了一記好球，你不會抱怨，而是立即接應，為下一記好球預做準備。Nike 於全世界接下來四年所發生的，是不斷出現「破天荒第一次」的沉浸式品牌體驗，而每一次都是植基於前一次的概念。球從一隊傳到另一隊，大家不只共享動能，也帶動新的創新動能，結果就是完美展現了跨國際時區創意共享與合作的力量。

我們的活動是自上海的曼巴之家 LED 籃球場（House of Mamba LED Basketball Court）展開的，這是 Nike 與數位設計暨通訊機構 AKQA 所合作建造的。透過動態捕捉與互動式 LED 視覺科技（最主要的是球場本身的作用就是一部巨大的 iPad），這座球場不僅是一部令人驚奇的視覺螢幕，同時也是革命性的創新訓練工具。至於「黑曼巴」（Black Mamba）本人，柯比・布萊恩也積極參與球場的程式設計，使球場可以運用洛杉磯湖人隊練球時所使用的訓練課程與技術。事實上，在球場開幕時，布萊恩更是現身說法，手把手地協助訓練與鼓勵來自全中國的年輕球員。

接著在 2015 年，球傳回到美國，啟動「最後一投」（Last Shot）的活動，這是一個全面沉浸式與互動式的 LED 半場，

球員可以在這裡重演麥可‧喬丹職籃生涯中的三大經典時刻。該活動是於 NBA 全明星週末期間在紐約市展開,「最後一投」的體驗把潘帕利昂(Penn Pavilion)大樓變成一部時光機器,在千萬顆 LED 燈與視覺螢幕上,還真的出現一批觀眾來觀賞喬丹的偉大時刻。球員在場上跟隨喬丹的動作,隨著倒數計時,像喬丹一樣以最後一投終結比賽。《連線》(Wired)雜誌稱其為「全世界最酷的籃球場」。Nike 再度與 AKQA 合作的「最後一投」,將先前在上海的活動經驗加以提升,為消費者帶來了更為身臨其境的感受。

2017 年,球從這裡橫跨世界,來到馬尼拉的 Nike 無極限(Nike Unlimited)跑道。我們與創意設計公司 BBH 新加坡(BBH Singapore)合作,在菲律賓的首府創造了前所未見的首條 LED 跑道。這座無極限運動場(Unlimited Stadium)覆蓋了整個街區,形狀源自 Nike LunarEpic 慢跑鞋的足印。這座長 200 公尺、八線道的跑道兩排都是 LED 燈,可供三十位跑者與他們自己賽跑。在完成一圈並計算時間後,跑者的鞋子會裝上感應器,接著,跑者就可以與自己的數位化身進行比賽,這位數位化身代表的是前次比賽的他。這些化身會在螢幕上與跑者一起前進。試想一下,這等於是在與你自己賽跑。多麼激勵人心啊!

最後,也是在 2017 年,球在環遊世界之後,又回到起點:上海。我們與創意廣告代理商威頓與甘耐迪(Wieden &

Kennedy）合作，接管美羅城（Metro City），這是一座球形建築。我們將它轉變成一座互動式的旋轉球體，成為 Nike React 運動鞋上市活動的一環。我們製造的幻象雖然簡單，卻頗具成效。從外面看來，是一位跑者在地球頂端奔跑，上海的天際線襯托著跑者的輪廓，腳下則是一個在旋轉的地球，彷彿是他的跑步帶動地球旋轉。實際上，跑者是在建築物裡的跑步機上慢跑，他們的影像被投射在球形建築上方寬達五公尺的隱形螢幕上。這項活動恰如其分地命名為「世界等你跑動」（Running Makes the World Go Round），跑者跑得越快，球體建築也就轉得越快。地面上的群眾看得目瞪口呆，同時透過社交媒體讓其在全球瘋傳。

對於外界而言，這些個人化的體驗只是單一的創新，並沒有一個計畫串聯起這些現場活動。但是，就內部而言，它們全都是進化旅程的一部分，各項活動的創意都是相輔相成的，而且每一項都比前一項更精彩。每支隊伍的 tiki-taka 產生了一系列美妙的創新動能，一支團隊的創意帶動了另一支團隊的創意，最終創造出一連串的得分。我所述說的時間線，其實是屬於一個規模更大、持續不斷的進程的一部分，在這個進程中，每支團隊前後傳球，醞釀創新動能；每支團隊都是站在前一支團隊的肩膀上，沒有人能夠宣稱自己是創意的最初來源。這當然就是創新合作的重點：我們是一個團隊，行事就要像一個團隊。

然而，即使是管理與訓練最完善的團隊、成員之間默契良好，也仍然需要持續不斷的靈感，來維持他們以攻為守的思維，在競爭中保持領先。

好奇心是催化劑

我們花了好一陣子才發現這個人是認真的，他真的相信「大腳怪」，而且多年來一直在追捕這頭行蹤不定的生物。他打扮得煞有介事，穿著卡其背心，還繫了一條工具腰帶，戴了一頂與衣著頗為搭配的帽子，簡直就是法蘭克・洛伊・萊特（Frank Lloyd Wright）與鱷魚先生（Crocodile Dundee）的混合體。我們大約二百位設計師坐在台下，聽他講述如何獵捕大腳怪。我們先是對於主辦人把這傢伙列入演講名單感到不可思議，之後是一陣笑聲，隨後又聽得入迷。是的，這傢伙是認真得要命，而我們則是沉浸其中。

這是設計團隊到華盛頓州哥倫比亞河畔的曠野，進行團隊建設的第二天。這個所謂的設計營，是為了培養團隊的凝聚力與文化，同時也是為了教育我們這批新加入的菜鳥（當時是 1993 年，我進入 Nike 還不到一年）。在參加一大堆的戶外活動時，我們需要學習品牌的方向，以非傳統的方式來尋找靈感。貫穿整個活動的，是邀請來賓和各領域的創新者

來挑戰與激勵我們。別的不說，邀請「大腳怪獵人」確實是非傳統的做法。

那天晚上，一位以惡作劇著稱的設計部前輩，覺得租一件大腳怪戲服會頗具娛樂性。於是，在我們全體晚餐時，這名從頭到腳都被濃密的棕色毛髮覆蓋的大腳怪，從樹林裡走出來，穿過馬路，差一點就被當地輕型卡車撞到。他笨拙地走進戶外用餐區，把大家嚇了一跳。幸好大腳怪獵人不在現場；他顯然已出發進行另一次的搜捕行動，否則就真的有好戲看了。

當時，我還不能充分掌握靈感與尋找靈感的重要性。不過，多年之後，我回想到這起職涯早期的事件，終於了解我們為什麼要坐在那裡聆聽大腳怪獵人演講的原因。重點不在於惹人發笑（雖然確實好笑），重點是睜開我們的雙眼，以一種娛樂的方式，觀察若非如此、我們可能永遠都不會遇見的情況。我不能說大腳怪獵人為我的創意事業帶來任何啟發，不過我可以說，在我的設計師與行銷領導者的事業生涯中，每當我必須自一些特殊的地方尋找靈感時，我往往會想到他。

好奇心是創造力的催化劑，能夠讓你看到機會，捕捉靈感。儘管靈感是無窮無盡的，要找到靈感卻很困難。因此，與其守株待兔，最好是擬定計畫，讓靈感自然浮現，流入你的工作。你應該透過習慣與儀式引進外界的思維，藉此強化

你與你們團隊的創意能量。

　　抓住靈光乍現的時刻，並非創意世界的成功之道；你必須主動出去找尋。雖然有些靈感是來自追尋者本身，但是，其他的靈感則可能來自好奇心。好奇心是一種肌肉，而肌肉需要鍛鍊；Nike 深知其重要性，因此持續不斷地爲公司注入想像力，塑造出一種充滿創意性好奇心的文化。

　　設計營（還有大腳怪獵人）是我們訓練好奇心肌肉的方法之一。這些年來，還有許多其他的方法，教導我們如何建立團隊默契、鼓勵冒險，以及最重要的——激發靈感。以下是我們嘗試將團隊建設與靈感相結合的一些例子。

◎ 紙板椅

　　我印象最深刻的設計日（Design Day）之一，是我們分成好幾個小組，每一組拿到幾張大紙板。我們的任務很簡單：利用紙板做一張可以支撐一個人體重的椅子。椅子的樣式也是裁判評分的重點，端視你的設計有多酷、多創新。從這場「紙板椅大賽」的裁判人選，就可以看出這場競賽不是玩玩而已：威爾士的設計師羅斯・勒葛羅夫（Ross Lovegrove）與已故的美國工業設計師尼爾斯・迪福倫特（Niels Diffrient），他們兩人都是椅子設計界的大師。

和 Nike 所有的團隊建設活動一樣，此活動也有玄機：在指定時間結束後，我們會用這些紙板椅來玩搶椅子遊戲。換句話說，最後一定會有某個人發現自己沒有椅子可坐。我們埋頭工作。我們這一票設計師只知道色環與鞋類，對於椅子設計的藝術，都只能算是生手。經過幾小時後，每一組都有了自己的椅子，雖然有的看來只要一陣微風就會吹倒，不過，令人驚訝的是，也有一些作品看來已能大量生產，其中有幾件看起來甚至就是即興設計的經典。有鑑於這項比賽有時間限制，以避免有人過度設計，並且以此來獎勵快速的創意，因此這是在壓力之下隨機應變的體現。

　　在休息之後，遊戲開始，隨著音樂響起、停止、再度響起，椅子一張張在對方組員的重量下垮掉。我開始覺得應該抗議各組組員的體重分配不均，而且我想，如果這是正式比賽，評分應該會更嚴格一些。遊戲繼續進行，直到只有一張椅子留下來，贏家接受加冕。沒有，我的小組沒有贏。

　　當然，問題是「為什麼」。為什麼這是對一群影像與產品設計師的良好訓練？有兩個原因。第一個是，椅子和鞋類一樣，首重功能，其次是樣式。椅子與鞋類都必須能夠支撐重量，但也必須具有彈性，才適合各種不同的身軀與腳型。過度著重功能，你會做出一張很醜的椅子；過度強調樣式，你會做出一張中看不中用的椅子。第二個原因是，這場比賽擴展了我們的想像力與左右腦，將我們的設計技巧應用在鞋

類與服飾之外的產品上，對我們的技能構成挑戰。是的，有時椅子會在強風之下折損，而這場訓練有助我們強化創意肌肉，將其運用在完全不同的領域。

🎯 運用你現有的資源

我們的團隊建設活動，經常會讓我們從事一些瘋狂的冒險活動，在這些活動中，競賽與遊戲並非重點，團隊合作才是最重要的。舉例來說，我們會在各大城市進行尋寶遊戲，尋找只有當地人才知道的地點，而且有的時候連當地人也不知道。我們會被交付任務，要編出一本童書。我們懂什麼童書？懂的不多，但我們必須到聖地牙哥動物園，在犀年與斑馬旁邊吃晚餐，尋找靈感。接下來的挑戰是設計一座城市，這可以說是團隊建設的終極活動，因為城市設計需要最強大的協同合作。還有一次，是製作以拉斯維加斯為主題的商業廣告，這是一項無可避免地必須前往拉斯維加斯的工作。這些活動的特殊之處，在於時間的限制，並不是幾週或幾個月，而是幾個小時，最多也僅是幾天而已。這種快速的創意過程，有助參與感和獨創性的產生。我們必須就手頭上的資源開展工作，而不是抱怨給我們的資源不夠。

有些讀者可能會質疑，要是組織規模不大，只有一位

或十幾位員工，怎麼能和財大氣粗的 Nike 相比？我對這個問題非常敏感，這也是我之所以提到上述團隊建設活動的原因。大筆預算、最先進的科技，以及多個部門全體執行一項計畫──固然是創意之旅中不可多得的好事，但並非必要。我並不是在離開 Nike 之後才學到這一點，而是任職於 Nike 的期間學到的──透過設計一張紙板椅，或是編出童書這類有時看來荒謬的任務，我學到這一點。這些活動中另一項重要的元素，是我們以小組的方式來進行，每位成員都需要擔負兩項、三項或四項工作。我們不會有典型的「不關我的事」這種往往會破壞協同合作的抱怨。這些**全都是我們的事**，此一元素不僅強化了小組成員間的關係，同時也讓我們了解，即使是小規模的團隊，只要把焦點放在同一個任務上，便能達成了不起的成就。

這就是你絕不能低估靈感的力量以及好奇心的原因；靈感與好奇心會驅使你前往特殊之處。

日本職人工藝

我在 2015 年擔任全球品牌創意部的副總裁時，有機會設計各種不同的團隊建設與激發靈感的活動。我曾經帶領我的領導團隊前往日本考察，我多年來一直很喜愛這個國家及

其文化，日本的工藝一向是最高的水準。我的團隊成員，是負責品牌故事與全球體驗的領導幹部。全世界沒有幾個地方會比十月的京都更美麗，這個時期，園林的繽紛色彩是筆墨難以形容的。

　　我安排了四項體驗，每一項都有特定的主題與期望的結果。第一項是參觀日本最古老的鑄劍世家。鑄劍師吉原義人的作品已達工藝的巔峰，每把劍都是獨一無二的，沒有兩把是相同的。我們也看到吉原義人的團隊成員間的創意協同合作，每人都有確切的角色，能夠無縫接軌，確保每把劍都能達到完美的境界。第二站是參訪通圓茶屋，這是全世界最古老的茶屋，建於 1160 年。我們在這裡發現藝術並非靜止或是移動的影像，日本的文化證明了儀式中也可以看到藝術。茶道的每一個動作，每一個時刻，都是經過幾個世紀的精心淬鍊，形成一種莊嚴之美。這是「設計思維」的最佳體現——在創意之旅中，時時思考藝術與科學的本質。之後，我們去拜訪最著名的日本園林建築師，見證了透過設計與組織，大自然也具有感動人心與訴說故事的能力。我們最後一項體驗，是邀請暢銷書《怦然心動的人生整理魔法》的作者近藤麻理惠與我們對話。近藤麻理惠所傳達的訊息，以及她用來擺脫生活的不必要混亂的公式——「它讓你怦然心動嗎？」——對團隊而言大有幫助，有助於團隊成員簡化訊息，鍛鍊最深刻、最有力的觀點。

廣告狂人

有一次，我們邀請 AMC 的電視劇《廣告狂人》（*Mad Men*）的製作人馬修·維納（Matthew Weiner）來談「世界創建」的藝術。在 Nike，我們經常需要在零售空間中，創造能讓消費者身歷其境的虛構世界。維納談到，虛構世界中細節的真實感，對於演員與戲劇敘事而言很重要。他指出：「每一個物件都是敘述故事的機會。」令人十分驚訝的是，即使是唐·德雷柏（《廣告狂人》的主角）的辦公室內關著的書桌抽屜，都擺滿了那個時代的東西：筆、紙張與文件。觀眾可能永遠都看不到這些細節，但不要緊，重點是演員看得到，而藉由看見、觸摸與體驗，演員就會被送至那個特定的年代，幫助他們身臨其境，融入角色之中。

在談到達成這些成果的過程時，維納強調：「經費少，代表創意高。」《廣告狂人》的預算遠不及 AMC 另一部金雞母《陰屍路》（*The Walking Dead*）。然而，預算緊縮非但不是壞處，反而更激發了團隊的創意，竭盡所能去構建一個以假亂真的世界。當然，過程必然艱辛。維納表示：「我們筋疲力竭，但充分發揮了創意。」當結果與預期相符，有時，筋疲力竭就是藝術成就感的獎勵。生產中的每一個細節，無論多微小或不受重視，都能對一個意義深刻的故事做出貢獻。

🎯 實地體驗

我們的團隊有一次到芝加哥開行銷會議，我訝異地發現議程中竟然有「軍人球場體驗」*。我是明尼蘇達維京人隊的死忠球迷，而這座球場顯然是敵方陣營。我們搭乘巴士來到軍人球場，被領入球員的更衣室。這時候，主辦人揭開謎底，我們每人都有一個儲物櫃，裡面有護具、頭盔，上面有芝加哥熊隊的標誌，背後還有我們各自的名字。穿戴完畢後，我們進入球場。

軍人球場是一座歷史悠久、宏偉壯觀的運動館，熊隊的訓練員帶領我們在攝氏 26.7 度的天氣下進行一系列的操練。你以為他們會對我們仁慈一些，但是，他們絲毫不留情面。最後，在這天結束前，我們還進行了踢球得分比賽。謝天謝地，我還沒有忘記我的足球技能，成功踢了一球，越過立柱。

我們還有一次是在法國的香檳（Champagne）接受射箭訓練，教練是古代弓箭手的後裔。我們也在布宜諾斯艾利斯（Buenos Aires）與阿根廷丙級足球隊比賽。不論是在軍人球場、阿根廷或是法國，這些活動都是為了教導我們成為一個團隊，共享特殊的經驗。我們每個人都被迫踏出舒適區，嘗試將自己置於固定從事這些活動的人的位置上，擴展我們

---

* 譯注：軍人球場（Soldier Field）是芝加哥熊隊的主場。

的視野，培養我們工作時必要的換位思考與同理心。

◎ 用餐

　　最常見的團隊建設活動之一，就是一起用餐。當然，其意義絕對不僅止於與團隊成員共度時光而已，我們總是會找到合意的餐廳和大廚，樂意允許我們到廚房觀摩其手藝。烹飪，正如許多人所欣賞的那樣，也自成一種藝術，一流的廚師會以料理引領用餐者來一趟美食之旅。簡單地說，就像我們的品牌活動一樣，他們也是在說故事。了解其他的創意人士，是如何以技藝來為故事添色，並提供他們自身的觀點，這是無價的知識。我們不僅要從廚師所做的料理、同時還要從他們呈現的方式來尋找靈感。他們會如何形容他們的料理？哪些配料最為突出？ Nike 是透過運動員與產品來述說故事，美食大師則是以他們自己的焦點來為餐點創造美妙的時刻。

　　透過這些方式與時刻，我們的團隊也能超脫自我，探索周遭的世界，尋找啟發，學習其他專家的工作方式。某些時候，可以找到能啟發我們敘述故事的靈感，其他時候，則是單純增強了團隊的凝聚力。無論最後是何種結果，你不能指望光是待在虛擬或實體的辦公室內，就能建立工作所需的團

隊默契或靈感。唯有當創意夢幻隊接受測試、集體探索、一起走出來、共享時光，才能發揮作用。唯有如此，你才能將你所學到的帶回辦公室。

引進外界資源

美國航太總署（NASA）設計的太空人頭盔，與 Nike Air 系列運動鞋有什麼共通點？這麼說好了：沒有航太總署的頭盔，就沒有 Nike Air 科技。這是一個早在我進入 Nike 之前就發生的故事：一位前航太總署工程師發展出名為「橡膠吹氣成型」的技術，原本是應用在航太總署頭盔的設計上，然而對 Nike 而言，則能用來製造中間充氣的中空鞋底，改善運動鞋的吸震力。Nike 非常喜歡這個主意，於是運用這位工程師的技術創造出首雙 Nike Air 的鞋底。[4]

從 Nike 歷史上眾多標誌性的運動鞋，可以看到許多來自外界的靈感。除此之外，汽車設計中符合空氣動力學的流線形，長久以來一直是運動鞋的靈感來源。針對這一點，我們曾邀請傑·梅斯（Jay Mays）前來現身說法，他當時是福特汽車公司的設計總監。梅斯最初是以重新設計福斯的金龜車（VW Beetle）在汽車業界奠定名聲，金龜車是一款形如其名的汽車。他之後來到福特，肩負重振此一品牌名聲的重

責大任，當時，福特的招牌已黯淡多年。他為福特引進了名為「復古未來主義」（Retro Futurism）的設計哲學——主要是依據過去的設計靈感來想像未來，例如，新款的金龜車就能讓人聯想到最初的設計。梅斯根據 1955 年的車型，重新打造出 2002 年的福特雷鳥（Thunderbird）。他也重新設計了福特標誌性的野馬（Mustang）車款，使得 2005 年的車款相較於之前同系列的車款，更像是史提夫‧麥昆（Steve Mc-Queen）在電影《警網鐵金剛》（Bullitt）中所駕駛的 1967 年版經典車款。梅斯向我們闡述了設計情感、創造汽車的故事性，以及讓夢想成真的意義。我們深有體會，因為汽車設計向來是 Nike 運動鞋的靈感來源，兩者皆須注重速度、空氣動力學與優雅的樣式。

不過，產品設計最大的靈感來源，或許是大自然本身——透過仿生技術，在自然界尋找啟發，將之運用於解決人類的問題上。有時候，人們會從植物、動物，甚至昆蟲身上尋找靈感。有的時候，則是直接自人體與周遭環境來尋找啟發，例如 Nike 忍者鞋（Air Rift）＊。這款分趾鞋的設計靈感，來自肯亞的赤腳跑者，他們是全世界迄今最優秀的長跑運動員。「裂縫」之名與分趾設計，則是取自肯亞的東非大裂谷（Great Rift Valley），這是將腳的大姆趾與二趾頭分開的鞋

＊ 譯注：rift 有「裂縫」之意。

款，可以讓兩趾的關節更加靈活，在跑步時發揮得更自然。

我們甚至會利用其他藝術來源，例如日本的摺紙藝術，來尋找靈感。Nike City Knife 2 運動鞋的外觀有三角形的形狀，旨在讓人聯想到日本摺紙藝術家，不過，更重要的是，這種鞋款在不穿時可以摺平，就像摺紙一樣。

這些產品都是在超脫自我之後，才出現的結果。你把自己在有限的眼界之外找到的靈感，運用到工作上。但是，「引進外界資源」的過程並不簡單，並非只是將摺紙藝術或汽車外觀應用到運動鞋的設計上。你必須深思熟慮，同時了解你所引進的大部分靈感，只會留在你的腦海之中；或者，在許多情況下，當靈感深鎖在某處的檔案櫃內，歷經多年之後，它會突然出現在你無從想像的地方。以下是一些例子與概念，能協助你將外界的啟發應用在工作上。

◎ 撰寫視覺日誌

根據我最近一次的檢查，我在 iCloud 照片圖書館（Photo Library）內存有 79,000 張照片。好的，我知道有些過分了，不過其中有 5,000 張以上的螢幕截圖，是我在手機與電腦上所看到、值得保存的定格圖像。其中大部分可能沒什麼用處，但是，有一些能夠啟發想像力並催生想法。這比你自行用手機拍

下周遭的世界或瀏覽網路，還要簡單得多。科技是現成的，為什麼不盡情使用？你的視覺日誌，無論是實體或數位的，不管你是要整理規劃或任其野蠻生長，都可以在你需要時提供啟發的力量。我有一點強迫症，所以將檔案分成大自然、建築、品牌與圖像、勵志名言、產品設計與新科技等類別。

為自己指派家庭作業

你會去哪裡？你會看到什麼？你會見到誰？這些應是你在出差或私人旅行之前自問的問題。寫下來，擬定一個計畫。這項工作起初感覺像是家庭作業，但久而久之就會形成習慣。我只要去某座城市，不管是東京還是塔科馬（Tacoma），都會擬定一項拓展見識與收集靈感的計畫（假設我有空閒時間的話）。家庭旅遊時，我甚至會去找一棟具有歷史意義的現代建築，拖著家人去看。他們老是開我玩笑，但我覺得他們也能體會其中的創新突破與想像力設計。

分享財富

團隊成員中，只要有人出差旅行，我就會要求他們回來

後分享見聞、與誰會面，以及他們在街頭的體驗。我稱之為「由外而內」的會議，視之為機會，讓整個團隊齊聚一堂，藉由分享其他人的旅遊經驗，注射一劑創意能量針（甚至啟發靈感）。雖然我們沒有一起去旅行，但他們的所見所聞也會傳輸給我們，餵養我們的好奇心，拓展我們的眼界。如果有人去參加 TED 大會，我們便會聽到大會中排名前五的演說。假如某位幹部去了拉斯維加斯的消費電子展（Consumer Electronics Show），我們就會得知哪個商業領域擁有最具突破潛力的新興科技。我們沒辦法無處不在，但是藉由團隊，你可以體驗許多事情。

柯比的好奇心

如果說，這些年來與我共事的人之中，有一個人會不斷追求啟發、充滿探索欲望與好奇心，願意與人分享他所學到與發現的事物——那就是柯比・布萊恩了。

柯比的好奇心在美國職業籃球員中是出了名的，他當初還是菜鳥時，就有膽子去向麥可・喬丹求教，柯比說道：「你不問，就學不會。」還有一則故事，與休士頓火箭隊的名人堂中鋒哈基姆・歐拉朱萬（Hakeem Olajuwon）有關。眾所皆知，歐拉朱萬常會幫助現役球員加強球技，尤其是禁

區內的。在職業生涯晚期，柯比花了一整天時間與歐拉朱萬在一起，學習他招牌的低位單打招數。2016 年，歐拉朱萬在一場比賽的場邊觀戰，比賽結束後，攝影機拍到柯比走過去與他的導師握手。在賽後記者會被問起時，柯比說道：「我從小看著哈基姆打球。現在我來到這裡，他慷慨大方地花了一整天時間在他家陪我練習步法，不放過任何一個細節……我只是要表達我的謝意。」有人曾問歐拉朱萬，誰是他最好的學生，他回答：「我曾訓練過許多球員，但真正能夠充分應用的就是柯比‧布萊恩。」[5]

你不能因為年紀太大或是太偉大，就停止學習。

至於我與柯比之間的「好奇」時刻，是在我們的商業與品牌年會上，柯比說個不停，一直在談他的新發現。他對這項創新科技的熱忱不言而喻，但他不願告訴我們是什麼。他讓大家等待，直到他邀請「這個特別的東西」的發明人之一來到現場，向我們展示。這項讓柯比備感興奮的科技是「擴增實境」（augmented reality，簡稱 AR），這是一種互動體驗，透過智慧型手機等裝置，擷取真實世界的場景與物件，展示具有啟發性的資訊與圖像。今天，AR 已相當普遍，大部分是裝在手機上，Nike 也早就將這項科技收入其行銷工具箱中。但是在那時候，業界大部分的人都不知道 AR 是什麼，也不知道該如何應用在工作上。

然而，這位五屆 NBA 總冠軍卻給我們上了一課，教我

們認識了這項全新科技，日後將為消費者體驗增添令人興奮的新面向。他甚至親自用手機對著他的鞋子來展示此科技，手機就像一個開關，釋出相關的資訊與圖像。這並非我們那天會議的議程，也不是柯比與 Nike 合作的項目。這就是柯比，一個充滿好奇心、執著於探索新事物的人。對於與他共事的人來說，他是所有靈感（與驚奇）的來源。

◎ 超越自我

　　以身作則，言行一致。來吧，開始了。我很幸運，在職涯中擁有推動品牌行銷創新的機會。早期的日子，我在圖像設計團隊就有天馬行空的自由，後來當上行銷長，更是時時刻刻想要將品牌故事與體驗推向未來。創新，你可以這麼說，是我的熱情所在。我喜愛眺望遠方，我的團隊就在身旁，然後我問道：「如果……？」

　　若要說我真正「住在」充滿好奇心的生活風格裡，是在我擔任全球品牌創新（Global Brand Innovation）總監的期間，這是一個醞釀觀點與帶動創新的環境。我是真的就住在裡面。它是什麼樣子？嗯，我成為自己的實驗品，不過我可能有些過分了。我一向著迷於能讓人更健美、更健康的創新產品。我的目標是透過自我實驗，尋找運動界與這些產品的

交會點——它們如何強化運動員的力量？能掃除運動員與運動之間的障礙嗎？抑或是增加障礙？我希望能找到答案。曾有一段時間，我在一天之中使用四種這類創新產品，直到我從自行車上飛出去。我來解釋一下。

剛開始的時候很簡單。幾年前 Whoop 手環（Whoop Strap）上市，由於能偵測心跳，因此頗受消費者歡迎。我決定試一下最早期的版本，發現能夠追蹤我的活動與睡眠，所能收集的數據之多超過我的想像。用起來實在太容易了。更何況它還能促成你的行為改變：我開始改變日常作息，試圖增加我的分數，也促進健康。我上癮了。

我決定更進一步。既然我已在鍛鍊身體，何不也來鍛鍊頭腦呢？我聽說過 Neuropeak Pro，這是透過腦力訓練來強化大腦功能的產品。這項產品主要是針對運動員，幫助他們在重大壓力下仍能保持專注。我邀請該品牌的創辦人提姆‧羅耶（Tim Royer）博士到我們的品牌創新年會上發表演說。他當天一早就來了，而我們還在搶著拿咖啡與早點。提姆和屋內每一個人都寒暄了幾句，而我們大部分都在忙著吃早點，試圖抹去殘存在眼中的睡意。他開始發表演說，開場白是叫出屋內每一個人的名字。我們全部二十個人的姓名！這是什麼魔法？對於我這種不擅長記住別人名字的人來說，簡直太神奇了。我們所有人目瞪口呆。這可能是提姆為 Neuropeak Pro 所製作過效果最佳的廣告了。

於是，我決定試一下。我一週有幾天會戴上這款裝有感應器的遮陽眼鏡，用我的手機玩遊戲，這些遊戲是專門設計來訓練我在壓力下保持專注。此裝置會給你一個基本分數，並為你的遊戲成績記分，你可以連續玩遊戲以提高分數。現在，我的頭腦與身體都已在接受訓練，接下來呢？

　　我接著轉向煙流實驗室（Plume Labs）的空氣品質追蹤器「Flow」，這是可以繫在包包上、與手機相連的裝備，用以偵測你周邊的空氣品質。此產品的概念，是讓人們能依據空氣汙染最少的路徑來規劃行程；不論是徒步、自行車或駕車，藉此來保護人們的肺部。「Flow」讓我對城市空氣往往會積聚在某些特定地方的流動方式大開眼界。我開始規劃我的出遊路線，盡量避免經過這些骯髒空氣聚集的地方。

　　最後，我還用了 Skydio 無人機，這是一款能錄影記錄其路線的自動飛行無人機。這架無人機會與使用者的手機連線，使手機具有歸來信標（homing beacon）的功能。因此，無論你去哪裡，無人機都會跟著你一路攝影記錄。你可以想成是一部在空中的 GoPro。我最先是以這架無人機來拍攝我跑步時的情況，很快就發現我跑得越快，錄影的效果也越好。後來，我覺得我的年紀已不適合跑步，於是以 Skydio 來拍攝我騎山地自行車的過程。在一次騎行中，我有些分神，回頭發現無人機並沒有在我行經的路線上。就在這一瞬間，我的前輪撞上障礙物，我飛了出去，肩膀著地。是的，

這一切都被無人機拍了下來，我將影片貼上 Instagram。不過，我也到此為止了。無論如何，除了我在使用 Skydio 時的錯誤示範之外，我了解到這個產品的巨大潛力，能用前所未有的方式為運動員拍攝影片，不論是跑步選手、自行車手，或是滑雪健將。

我分享這些經驗，是為了闡明熱情與好奇心在創新中所扮演的角色，是多麼重要。所謂的「超越自我」，有時就是指自己去嘗試與體驗新產品，其概念則是探索這些創新與你和你的團隊交會的方式。有的時候行得通，有的時候又不行。對我而言，唯有親自體驗這些創新產品，才能體會其對消費者的價值，了解它們是如何改善人們的生活。將一項產品定位為強化機能的工具（而不是最新科技的產物），一直是我看待產品與品牌行銷的核心觀點。我分享這些產品，也是因為它們是結合了藝術與科學的產物。它們是數位平台及其功能所支援的實際體驗。要使用這些產品，你必須先擁有自己的生活。人類就是未來，只不過是以你的個人數據所強化的科技力來幫助你。

視野優勢

K 教練那天出現在 Nike 總部對我們精神訓話時，強調

了兩件事情：第一，他指出品牌行銷人應看到別人沒看到的；第二，他指出視野優勢是我們的競爭利基所在。受到 K 教練的啟發，我相信我們之所以能成為品牌領導者、之所以能看到別人沒看到的，是因為我們珍惜同理心與好奇心的價值。同理心能讓我們從別人的觀點看世界。我們能夠跳脫我們有限的經驗，擁抱別人眼中的景象。同理心可以提供我們可能會錯失的觀點，而這些觀點會強化我們的解決方案。

不過，光是同理心還不足以維持視野優勢；我們必須不斷將自己置於以前從未到過的位置來看事情。這就是好奇心的目的，願意探索遠超過你有限的視野之外的事物。與其想像你在那裡，不如親身體驗。我們必須將自己置於全新的情境中，這些情境有時並不舒服，但我們應在這些最不可能的地方，拓展見識、尋找靈感。我與團隊所從事的訓練和活動的廣度，與我們實際所做的事一樣重要。倒不是說你也應該找大腳怪獵人來對你的團隊發表演講；我的意思是，你應該尋覓這些怪異狂野的時刻，以激發你的團隊的驚奇感。

藝術與故事就在我們的周遭，是我們生存在這個星球上的生命之源。藝術與故事就在這個世界的每一個角落，只要我們有足夠的好奇心，就能發現。當我們發現時，或許也可以用來激發我們的靈感，創造我們自己的故事與藝術。

「創造力是團隊運動」的原則

1. 建立創意夢幻隊

擁抱夢想家。讓最沉默的聲音成為最響亮的聲音。讓多元性成為追求創意生活的氧氣。

2. 超越自我

自滿是創意的敵人。不要守株待兔、等候靈感的到來。制訂計畫，出外尋找靈感。你要去哪裡？你會看見什麼？你要與誰會面？藉由引進外界想法來激發靈感。

3. 看別人所看到的，發掘別人沒看到的

同理心能讓優秀的品牌變成偉大的品牌。開拓你的視野，更深入了解這個世界，以及在你經驗認知之外的人。透過「視野優勢」，發現更為深層的觀點，將遠比你直接看到的事物更深刻。

4. 讓自發性帶動機會

你不可能每次都能事先規劃你的創意。僵化只會阻礙創意的產生。讓你的團隊擁有自我表達的空間。

5. 選手個個天賦異稟，但只有團隊合作才能贏得比賽

學會傳球。培養一個左右腦能夠相輔相成的文化。推動大家善用彼此的思維、技能與夢想，進行創意合作。

EMOTION
by
DESIGN

第三章

千萬別保守，
要為贏而打

影片中，瑞典足球明星茲拉坦・伊布拉希莫維奇（Zla-tan Ibrahimović）的倒掛金鉤暫停在半空中，一名穿著西裝（裡面當然是高領毛衣）的男子走上舞台。他指著螢幕上倒懸的茲拉坦，以高傲的口吻說道：「有 76％的機率不會進球。太魯莽了。」隱形的台下傳來一片笑聲。

此人繼續發言，彷彿是在發表 TED 演講，他身後的螢幕出現多位全球最偉大的足球明星身影，例如 C 羅（Cris-tiano Ronaldo）、茲拉坦、韋恩・魯尼（Wayne Rooney）。「即使是當代最偉大的球員也會犯錯。他們都太愛冒險了！畢竟，他們也只是……凡人。」他停頓了一下，讓「凡人」一詞凝結在空氣之中，任由觀眾體會這種生物的脆弱與失敗。「但是，如果他們不是呢？」

這是 Nike 於 2014 年發表的動畫廣告「最後的比賽」（The Last Game），是和威頓與甘耐迪公司、熱情影像（Passion Picture）公司聯手，花了一年的時間打造而成。這不只是 Nike 史上耗時最長的品牌傳播生產行動，「最後的比賽」也是有史以來最長的商業廣告，長達五分鐘。

這部動畫是講述全球最偉大的足球明星，如何自一位邪惡的科學家與他的複製人手中拯救足球運動的故事。「足球的未來！」科學家對複製人說道：「應是完美無瑕的決定，萬無一失的結果。這才是大家所要的。」複製人的設計，能夠以冷酷無情的高效率，取代比賽中所有的冒險行動。起

初，複製人無往不利。

隨著影片的展開，可以看到複製人摧毀一隊又一隊，觀眾逐漸消失，直到最後一位球迷起身，厭惡地走開。科學家現身，對電視記者揚言他現在要以「完美勒布朗」的複製人，用之前解決足球界的方式來對付籃球界。記者問道，原來的球員該怎麼辦？科學家回答：「誰還在乎呢？」

接著，我們看到巴西傳奇球星羅納度召集其他球員「本人」，例如C羅、韋恩・魯尼、茲拉坦，一同「拯救足球」。

「還記得是什麼使你們功成名就的嗎？」羅納度對大家說道。「你們勇於冒險！你們是為比賽而比賽，他們（複製人）只是在工作而已。你們不惜一搏……為了勝利！沒有比保守行事更危險的事了。」

隨著激動人心的音樂響起，球員「本人」挑戰複製人，進行一場贏者全拿的驟死賽。比賽當天，球場再度爆滿，甚至有一名太空人在太空漫步時，還拿著 iPad 觀看比賽。比賽開始……

勇於冒險的文化

「最後的比賽」是 Nike 為「勇於冒險」（Risk Everything）活動所製作的三部影片中的最後一部，該活動主要是

配合 2014 年的世界盃足球賽。當時對 Nike 而言是一個關鍵的時刻，有機會成為全球足球產業的第一品牌。時機已經成熟，需全力出擊、拚命一搏，以取得領先。要實現 Nike 成為足球界主導品牌的目標，所需的不僅是一項全球性的行銷活動，還需要創造全球性的娛樂體驗，透過世界盃改變消費者與 Nike 之間的互動。這是一項具有高度企圖心的計畫，而我們知道個中代價。勇於冒險，Nike 必須身體力行。

這並非 Nike 第一次進入新領域。我有幸為一個了解與鼓勵冒險精神的品牌工作，尤其是每當 Nike 成長並擴張、邁入新領域的時候（例如國際足球），這種富於冒險精神的文化也會隨之增長。這種精神的延續，自早期以來一直都是 Nike 品牌的一部分，也是 Nike 成功的故事中最了不起的成就之一。

許多成名的品牌在草創初期都是勇往直前，富有實驗精神，但是，當到達某種程度的頂峰後，品牌的策略思維就由進擊變成防衛。當一個品牌在特定市場達到主導地位之後，恐懼也油然而生，品牌所關切的重心不再是攻城掠地，而是如何保護自己現有的成果。冒險，突然之間變得太危險了。

不論是老品牌或新品牌，都會面臨一個挑戰：如何在初期營造出具有創意冒險精神的文化，並且保護這種文化，不被自然力量所摧毀。組織內部總是會有所謂「理性的聲

音」，他們會想方設法，將夢想家限制在圍欄之內。有這些聲音是好事，我並不是說要維持一個品牌的創意進擊策略，就需要拋棄所有的謹慎。但是，品牌可以在忠於目的與聲音的同時，鼓勵夢想家尋找與消費者聯繫的新方式。要培養勇於冒險的文化，關鍵在於激勵。組織真的會獎勵大膽的想法嗎？領導團隊會騰出時間聆聽這些想法嗎？如果一個非傳統的想法失敗，當初提出此想法的人會受到鼓勵、再接再勵嗎？簡言之，一個品牌在商業過程中是如何看待新想法，就說明了該品牌是否鼓勵冒險。

我要闡明我所謂的「冒險」與「為贏而戰」的意思；這些詞語往往會以含糊的方式來表示某種程度的顛覆。不論是產品或行銷創新，「顛覆」是一個籠統的用語，涵蓋所有想要達成的成就。當然，這未嘗不可，但我們應該表現得更好。簡單來說，在行銷中冒險，目的是要創造一種新方法與消費者溝通。你是試圖用前所未有的方式來與消費者建立連結，如果成功，就能永遠改變遊戲（而且往往能開創新的獲利機會）。有人稱其為顛覆，我則稱之為創新。

我有幸成為鼓勵冒險精神文化的一部分，最先是從超低科技含量、非數位的創新開始，直到數位革命。在 Nike 轉型的這些年來，我很幸運能參與其中多項活動，包括動態捕捉動畫、許多應用程式的發布、讓消費者更接近品牌的社群

媒體策略。然而，無論運用的是何種科技，Nike 在創意旅程的每一步，都是始於一小支創意團隊的對話，在鼓勵做夢的氛圍下提出一個問題：「如果……？」

◎ 保持機動與靈活

　　我的創意團隊同事傑森・柯恩（Jason Cohn）並不想開這趟車。他必須駕著一輛 1981 年的福特客貨老爺車，一路從俄勒岡州比弗頓開到佛羅里達州的薩拉索塔（Sarasota），芝加哥白襪隊的春季訓練營。當時是 1990 年代中期，白襪隊多了一位新成員：麥可・喬丹。這可說是職棒界的一件大事，Nike 決定躬逢其盛。不過對於傑森而言，這趟要駕車六十小時、由東海岸到西海岸的旅程卻不怎麼令人興奮，更何況是與同事一起開一輛綽號為「髒鬼」的小貨車，此一綽號的由來是因為這輛車原本是用來裝載垃圾的。「髒鬼」沒有空調，只有一台勉強運作的 AM ／ FM 卡帶式收音機，內裝還瀰漫著一股有毒氣體的味道，實在不是我們所期待用於 Nike 行銷活動的車輛。但是，當傑森終於抵達球場，打開車門，就立刻與聚集在白襪隊訓練營四周、人數眾多的球迷打成一片，他們大部分都是為了喬丹而來。

　　回想這趟大約在二十年前的旅行，傑森告訴我：「我們

在三十天內賣了數千美元的產品，這代表我們創造了數以千計與人們直接互動的時刻。這可謂是品牌行銷的無價之寶。我們甚至登上了《運動畫刊》（*Sport Illustrated*）！」

「髒鬼」是 Nike「SWAT」的旗艦車，「SWAT」是「運動世界出擊團隊」（Sports World Attack Team）的簡稱，是我們在 1990 年代初期活動行銷的一環。這個團隊當初是為了配合 1994 年世界盃足球賽而設立的，傑森與我都是成員之一。該屆世界盃是美國首次主辦這項最受全球歡迎的足球賽事，比賽在九座城市共同舉行。在此之前的幾年間，我是志願（也可說趕鴨子上架）擔任 Nike 當時還十分低調的行銷活動設計團隊領導人。當時的 Nike 尚未展現全力進軍國際足球市場的企圖心；針對 1994 年世界盃，公司只給了我們一萬美元的預算，這就 1994 年的標準來看也是相當低的。傑森與我不禁感嘆，這麼少的預算要如何讓我們在一個月的時間裡與全國消費者建立聯繫。然而，事實證明，缺乏資源反而成為我們所需要的創意泉源。

我們的解答是一輛小貨車，與我在 Nike 擔任實習生時、父母借給我的那輛類似。不過，我們並不是去買二手車，我們部門的主管表示他有一輛福特老貨車放在停車場積灰塵。這就是「髒鬼」加入我們團隊的故事。我們的第一項工作是為「髒鬼」升級，我們將它漆成黑色，引擎蓋上還鍍了一個勾勾。我們在汽車兩邊漆上新的 Nike 足球標誌，改

裝內部。車門打開後，就變成產品展示區，背景是一條橫幅，上面都是 Nike 贊助的運動員圖像。由於我們把公司給的一萬美元都用在改裝「髒鬼」上，因此沒有多餘的錢聘請司機，而抽籤的結果是由傑森在那年盛夏駕駛「髒鬼」巡迴全國。儘管 Nike 不是這些賽事的官方贊助商，但我們依然出現在體育館附近，保持低調，推廣 Nike 的足球品牌。相對於官方贊助商花了不只一萬美元在廣告、看板、餐飲與其他方面，我們卻是在現場直接與球迷進行接觸。這整個概念是一種反大型活動的體驗；我們選擇直接面對群眾。

我們要與消費者更加親近，撤除往往會將品牌與消費者隔開來的螢幕。也就是說，我們在展示廣告的同時，也在收集消費者的回饋與觀點。但是，關鍵在於──消費者本身並未覺得自己是在觀看一則廣告，也不會認為自己是在參加焦點團體訪談。

隨著「髒鬼」之旅啟程，我們很快就了解，要利用靈活的機動性，前往能量聚集之處，讓我們的品牌幾乎無所不在。因此，我們從世界盃擴展到其他運動，例如籃球和棒球。我們與當地社區合作，拜訪零售商，參與當地的運動活動。我們的每一天都不一樣。今天，我們可能是拜訪當地的男孩與女孩俱樂部；隔天，我們可能是送一位 Nike 贊助的運動員到醫院；第三天，我們可能是在當地公園的籃球場與人鬥牛，打敗我們，你就可以贏得一雙 Nike 球鞋！

傑森和我每週都會到波特蘭的美景溫泉咖啡館（Vista Springs Café）共進晚餐，進行腦力激盪。我們的慣例是先從甜點開始討論，然後再到正餐。在享受聖代的時候，我們會將自己的想法寫在餐巾紙上，交給對方。不論這樣的腦力激盪結果為何，我們一開始都是先提出一個最簡單的問題：「如果……？」

　　這就是我們最終成立 SWAT 的場所與過程。這是一次了不起的創意之旅。少得可憐的預算，迫使我們必須想出不同凡響的主意，幸運的是，我們每次提出的方案都通過了。

　　在一些活動中，消費者會以為 Nike 就是官方贊助商，只因為我們直接與他們對話。反觀那些官方贊助商的品牌，只不過是把商標放在所有能放的地方，包括場邊看板與咖啡杯；我們則是善用我們自己的時間，與消費者直接聯繫。

　　在接下來的兩年間，SWAT 的車隊從「髒鬼」擴張到福斯金龜車，我們將它漆成棒球的樣式，座椅則是大型棒球手套的模樣；還有一輛福斯巴士，主要是供戶外冒險運動使用，最後還增添了兩輛黑色悍馬。我甚至還建議使用飛船與火車，不過都遭到團隊駁回，因為有違我們保持低調的原則。敏捷與靈活是 SWAT 的優勢所在，我們憑藉這樣的優勢，透過移動式行銷的努力，在活動現場贏得消費者的心。這與創造獲利無關，而是以個人的方式與其他熱愛運動的人接觸，就像我們。

有鑑於首次「髒鬼」任務幾乎是在沒有預算的情況下完成，你可能會說這整起行動並沒有什麼風險；如果傑森與我失敗了，至少也不會讓 Nike 損失上百萬美元。但是，其實有另一面的風險，即是允許你的團隊冒險一搏。不只如此，你還給予他們隨機應變的自由與空間。事實上，並非所有的事情都需要審慎斟酌與焦點團體訪談才能將效益最大化。經過精心雕琢、反覆演練的生產過程有其價值，因為你可以明確掌握你瞄準的情感反應。然而，我在 Nike 最美好的回憶，有許多都是來自現場的行銷活動，也就是與消費者進行面對面的溝通。經營品牌的人，與該品牌所希望觸及的人之間，往往會有一道牆。我們幾乎從不把手言歡；我們之間的互動是透過螢幕、看板或品牌大使（如運動明星）。然而，我與消費者共同擁有的，是人性的時刻。我們——傑森與我，以及 SWAT 所有的成員——就是品牌，我們就是 Nike。

　　SWAT 並非 Nike 首次草根性的行銷行動（Nike 創辦人菲爾‧奈特〔Phil Knight〕早年就曾這麼做過），也不是唯一的一次。不過，這場創意之旅，這個我參與其中的旅程，仍是屬於勇於冒險的行銷創新。有許多競爭對手，往往是以豪華奢侈的企業展示來相互攻擊，我們卻是反其道而行。為了與消費者更加貼近，我們為 Nike 開發了完全符合其格言「運動員為運動員服務」的新方法。我們視機動性與靈活性為關鍵，使我們能與消費者相會，也更為貼近消費者。

設計一場零售革命

　　燈光逐漸黯淡，眾人轉頭觀看。顧客接著看到一幅銀幕從五層樓高的中庭屋頂徐徐降下，彷彿戲院的銀幕一樣，覆蓋整面牆壁。隨著銀幕上出現 Nike 的影片，大家立刻停止購物。也許是因為這部影片是講述這個星球上一些最偉大的運動員，又或許是因為與我們所有人都有關。不論是哪種情況，這部影片是與運動員，也就是在店裡的人，直接對話。他們為什麼會在這裡？是什麼使他們來到紐約市的第五大道？難道只是想買幾雙漂亮的鞋子嗎？不是，這部影片提醒他們，他們之所以在這裡，是因為他們是運動員。短片結束了，銀幕升上五層樓高的屋頂。一瞬間，顧客——運動員們——一片沉默，默默回味剛才所看到的，不約而同地鼓起掌來。一座巨大的時鐘（與我們在計分板上所看到的計時鐘類似），開始為下一部影片的播放倒數計時。大家又恢復購物，然而，他們試穿的鞋子或手上挑選的球衣，已和之前有所不同；它們不僅是商品，而是幫助他們釋放運動員潛能的工具。

　　1996 年，Nike 開始嘗試改變零售購物的體驗，我有幸參與其中。位於紐約市第五大道附近第 57 街的 Niketown NYC 的原始構想，是來自我早期的兩位導師——戈登·湯姆森（Gordon Thompson）與約翰·霍克（John Hoke）。戈

登當時是 Nike 設計部的主管，也是 Nike 在波特蘭所設第一家 Niketown 的策劃人。約翰是他的門生，是一位天賦極高的設計師，充滿想像力，擁有描繪任何東西的能力。他們兩人共同爲紐約市 Niketown 旗艦店想出「瓶中船」的概念：外觀看來是一座老式體育館，內裝則是運動的未來嶄新願景。這是新與舊的結合。

Niketown NYC 並非僅是一家門市；它是最好的「零售劇院」（Retail Theater），提供無與倫比的品牌體驗。我的任務是設計這座老式體育館的許多主題細節，包含建築外觀與內裝。但是，我們不只是要建造一座看似老舊的體育館，光是如此並沒有什麼創新之處；我們是要爲這座老式體育館注入生命，保留它的歷史，地板上還有球員球鞋留下的痕跡。我們甚至爲它取了一個符合 1930 年代紐約學校的名稱：P.S. 6453。（這是你以手機鍵盤拼寫 Nike 的按鍵。）

當然，任何創新都會帶來新挑戰。我們首先面對的挑戰之一，是要找到一家合適的設計公司，將我們的期望變成現實。有許多公司都可以創造出老式體育館，但是，我們不只想要體育館看起來老舊，還要**感覺**老舊。於是，我們轉而求助視覺敘事大師——百老匯。我們聘請了劇場設計團隊，協助打造一座 1930 年代風格的體育館，能夠訴說新與舊之間的故事。經過老式的磚牆、靠牆折疊起來的木製看台，就會進入運動的未來世界，消費者可以同時感受到新舊之間的反

差與傳承，由一個時代進入另一個時代。

　　與此同時，我還要為這座體育館創造一段輝煌的歷史、一則背景故事，包括有一支球隊曾經真的以其作為自家的主場。我選擇以「鮑爾曼‧奈特」（Bowerman Knights）作為隊名，以紀念 Nike 的兩位創辦人菲爾‧奈特與比爾‧鮑爾曼（Bill Bowerman），後者是俄勒岡大學的傳奇田徑教練。我花了好幾個小時，根據該隊的吉祥物設計奈特隊的頭盔，裝飾在建築物的外牆上，與「榮耀」、「勇氣」、「勝利」與「團隊合作」等強調運動核心價值的詞語並列。這支百老匯設計團隊，協助賦予這棟建築物必要的真實感。透過對那個時代的仔細研究，這一批藝術家──畫家、雕塑家和設計師──重建了那個時代，幾可亂真，近乎完美。例如，他們加工處理體育館所使用的皮革，使其看來已經歷過幾十年的磨損。我甚至設計了一件 1930 年代球員會穿的棒球外套，上面是紀念奈特隊的圖樣，作為 Niketown 開幕典禮上送給奈特的禮物。

　　門市裡則是一番未來的景象，我設計了球隊運動地板，包括一座可以作為展示運動鞋之用的獎盃櫃。此設計可以讓消費者在購物的同時，一邊參觀可說是收藏最多職業運動獎盃的地方。在開幕的那個週末，我們展出史坦利盃（Stanley Cup）、文斯‧隆巴迪獎盃（Vince Lombardi Trophy）以及美國職棒世界大賽獎盃（World Series Trophy），這是破天

荒的一次展覽。史坦利盃甚至還配有一位武裝警衛看守獎盃，整個週末，他一直都站在獎盃旁邊，以防有哪個異想天開的人想偷走獎盃。

　　為了讓展覽更精彩，我想到了一個另類的「獎盃」：里爾一分錢（Lil' Penny），這是一個有著喜劇演員克里斯‧洛克（Chris Rock）聲音的人偶，來自 1990 年代中期、奧蘭多魔術隊明星控衛「一分錢」‧哈德威（Penny Hardaway）的廣告之中。透過辦公室內的一些特殊管道，我得以將里爾一分錢人偶弄到 Niketown NYC，並在獎盃櫃旁為它打造了一個特別的陳列。但是，里爾一分錢若是沒有那個招牌聲音，就不是里爾一分錢。於是，我在櫃子內設置了一部揚聲器，當顧客經過時，就會聽到克里斯‧洛克的聲音，他說了一大堆垃圾話。我不確定是否有人欣賞這類侮辱的話語，不過光是親眼看到里爾一分錢，就值回票價了。

　　在每一個雀屏中選的商店設計點子背後，都會有三個遭到淘汰的想法，這是我在創新過程中最大的體認。如果你真的想要有所突破，可以參考「點子成功率」（有些類似棒球的打擊率）。在這間旗艦店裡，購物者可以體驗用紅外線來測量腳掌尺寸的全新科技，也能親眼目睹「鞋子輸送管」將庫房的鞋子輸送至五樓，還能欣賞傳奇短跑健將麥可‧詹森（Michael Johnson）根據他在奧運奪魁所設計的金色釘鞋。然而，在這些創意背後，還有數以百計的想法與點子束之高

閣。如果你只願接受計畫擁有百分之百的成功率，那麼你其實並不適合這個地方。你不能害怕失敗，因為這並非失敗，而是創新的代價。在之後的幾年間，我了解到，大部分的創意，即使棄而不用，或多或少仍會對未來形成影響。

總結而言，Niketown NYC 是一個固有的風險，因為這棟建築是永久性的，但是回報也相當豐碩。透過 Niketown NYC，我們營造出一種零售體驗，將商店改造成全面性的消費體驗，觸動購物者的每個感官、引發各種情感反應。從老式體育館的感覺、內裝的創新，再到五層樓高的銀幕，整個商店的設計，都是為了讓購物者釋出豐富的情感。甚至連我們展示商品的方式，也是沉浸式體驗的一部分，例如，標榜充氣科技的「空氣」運動鞋是放在一面「空氣牆」上。沒有任何一項商品只是單純地擺在貨架上，反之，我們是有意識地設計零售設施，直接從所展示的產品設計中汲取靈感。只要走進這家商店，消費者就能知道哪位運動員穿的是哪種運動鞋或哪款服飾，也會知道科技如何讓**他們**成為更好的運動員。這間商店並非僅供消費者了解其故事的博物館；消費者是被引進店內，經由我們提供的工具，成為故事的一部分。

我們藉由此一創新向世人所展現的是，零售空間是難得的機會，可以生動且富想像力地述說品牌故事。看看今日的情況，傳統零售業者往往缺乏差異性，其最大挑戰就是找出充分的理由，讓消費者離開數位環境、走進實體商店（也

由於新冠肺炎的影響）。一個實體的零售熱點必須有特色，有存在的理由，超越傳統的購物。Niketown NYC 和全球各大城市的姊妹店，本身就是零售熱點，是人們想要拜訪的地方，即使沒有買任何東西，空手而回也不會有遺憾。

善用你現有的資源

　　手持式攝影機（還記得這種東西嗎？）捕捉到巴塞隆納足球俱樂部的明星球員羅納迪諾（Ronaldinho）在練習前熱身的身影。影片中，出現一名提著手提箱的男子，羅納迪諾小跑步地迎上去。手提箱內是一雙全新的 Nike 白底金邊足球鞋，羅納迪諾穿上鞋子，小跑步地回到場上。攝影機跟在他的身後，他開始盤球，耍一些看似簡單、但需要多年練習才會的花招。羅納迪諾用新鞋子將球輕巧地踢到空中，然後猛然一腳將球踢向三十碼外的球門橫桿。球擊中橫桿，反彈回到羅納迪諾面前，羅納迪諾用身子停球，擺弄了幾下，將球踢回橫桿，球也再度反彈至羅納迪諾面前，羅納迪諾又耍了幾個花招，然後慢跑到場邊。攝影機停止拍攝。觀看影片的人花了一秒鐘才了解，除了他們所看到的精彩表演之外，這顆足球根本就沒有落地。

　　2005 年秋季，新的足球季展開，Nike 計劃為羅納迪

諾推出一款白底金邊的足球鞋。這個行銷任務落在當時的 Nike 歐洲內容部經理伊恩·連施（Ean Lensch）肩上，他位處荷蘭。伊恩有一個月的時間，為這款足球鞋創造一個行銷概念，這也意味著他沒有任何出錯或鋪張浪費的空間。

伊恩的工作，是要設法找到「破壞性」的方式，為羅納迪諾的鞋子創造能量與知名度，並且搶走競爭對手的鋒頭。要記得，這是在「破壞性」尚未成為行銷主導名詞的年代。公司提供給伊恩及其團隊的預算是多少，我不得而知，但可以想見並不多，因此他們必須善加利用。事實上，相較於 Nike 那些華麗精緻、視覺震撼的知名影片，他們根本就沒有足夠的時間與經費。但是，如我的主管經常引用的 AC/DC 搖滾樂團的一句歌詞：「髒事雜事便宜幹。」便宜，沒錯，但是絕不髒。

伊恩的團隊在荷蘭的辦公室裡埋頭苦幹，終於想出了以「橫桿遊戲」為中心主題的概念，亦即球員輪流嘗試將球踢中在一定距離之外的球門橫桿，誰先踢中，就算獲勝。踢中橫桿並非不可能，然而即使是全世界最棒的足球員，也可能需要好幾次才能踢中。以「橫桿遊戲」作為廣告的「驚豔時刻」確實很酷，但仍不足以展現史無前例的開創性。那麼，讓羅納迪諾連續兩次踢中橫桿呢？很不錯，但由於必須把球帶回到羅納迪諾身邊，因此需要大量的剪輯工作，這反而可能抹煞了伊恩及其團隊所要激發的能量與刺激。那麼**如果沒**

有剪輯呢？**如果**是一球踢中橫桿，然後讓球**彈回**羅納迪諾身邊，好讓他再踢一次呢？

　　這就對了，但有一個問題。伊恩團隊所構想的二次踢中橫桿，在現實世界中的可能性不大。簡言之，羅納迪諾在經過幾次嘗試後，確實有可能踢中橫桿，但若要讓球彈出球門區、回到他面前，基本上是不可能的。然而，大家都喜歡這個主意，也知道能夠造成轟動……但該怎麼做呢？伊恩所做的第一件事，是找來 Nike 的數位科技夥伴法姆法布（Framfab）公司。該公司立刻就看出這個主意的潛力，決定拔刀相助。於是，團隊引進了一位很棒的導演，還有一位高明的視覺效果專家；對於能否成功拍攝影片，他們有著決定性的作用。一旦加上視覺效果，這支影片就會像是以手持式攝影機捕捉真實的時刻。

　　「橫桿」（Crossbar）影片是內容分享與社群媒體的轉捩點。2005 年 2 月，YouTube 已成立，但尚未成為居於主導地位的影片內容平台，那是再過幾年之後的事情。「網路爆紅影片」的概念當時還未成形，至少與行銷是毫無關係。在那個時候，大部分的內容都是靠著電子郵件傳播，朋友之間會透過電子郵件分享圖片、有趣的影片。然而，當 Nike 把「橫桿」影片上傳到 YouTube，立刻造成轟動，成為這個年輕的平台史上第一部觀看數超過一百萬次的品牌影片。現在，總會有人遲早能達到一百萬次觀看數的標竿，但是，對

於 Nike 這樣的知名品牌而言，所擁有的資源可以買下任何一個廣告空間，然而 Nike 卻選擇將影片上傳至仍屬「業餘」性質、與一般影片平台還有一段落差的 YouTube，由此可以證明，勇於冒險的文化已深植於公司。這部影片的創新，不僅在於使用扭曲事實的電腦合成影像技術，同時也凸顯尚無人嘗試的內容媒介平台的龐大價值。在「橫桿」影片之後，行銷業界再也不一樣了。（YouTube 最終也停止了商業品牌的未付費廣告內容。）

2008 年，在一部以柯比‧布萊恩為主角的爆紅影片中，我們也是採取同樣的方式。影片一開始是柯比在設置他的手機來捕捉某一時刻：炫耀他的新球鞋。他的朋友在旁邊大笑，同時也勸告柯比最好不要做他打算要做的行為。觀眾當然不知道他接下來要做什麼（這正是這兩支影片的關鍵所在）。影片中，柯比面向左方，擺好準備的姿勢，接著就說：「哇，老天，那是一部車嗎？」說時遲，那時快，柯比躍起，一輛奧斯頓‧馬丁（Aston Martin）自他胯下高速穿過。後來，有些名人也開始仿效柯比以手機自拍的做法：「你該這麼做才對！」

這兩部影片都在網路上引發「這是真的嗎？」的熱議，而這正是最好的方法，可以判斷影片中的科技（或新奇性）是否大獲成功。當然，重點並不是要欺騙世人，而是要製造某一個（或兩個）時刻的視覺奇觀，讓觀眾以為所看到的

是真的。他們猛敲腦袋，他們大笑，然後他們又看一遍。接著，他們開始分享影片，一種新的內容散布方式就此誕生。

「橫桿」影片是伊恩受困於經費與時間下的產物，這也凸顯出，我們最好的創意往往是在資源受限的情況下產生。「這就是我們手上現有的資源，我們該怎麼做？」由此產生的創新水準，也許無法超越大預算的規模與奢華，但也給了我們冒險一試的機會。此外，由於這兩部影片都不是經由傳統媒體發布，因此有助我們進一步發掘與了解新管道的潛力。這是廣告世界中的數位草根行銷活動；「橫桿」所接觸到的消費者之多（無論是內容或平台），是大部分品牌連想都沒有想過的。不過在此之後，沒有一家品牌敢無視它的存在。

🎯 熱情的力量

你還記得你兒時的房間嗎？還記得你貼在牆上的海報、擺在桌上的照片、書架上的書本與小玩意兒嗎？現在，在腦中想像你走進房間，回想你看到的情境。回味你掛上一幅最喜愛的球員或球隊海報的感覺。你會掛在哪裡？為什麼？回想這些東西對你的意義與你的熱情。沒有人會質疑你所愛的。隨著你的熱情變化，這些在牆上的圖像也會改變，但

是，設計一間完美的臥室絕不是青少年所熱衷的事情。他們通常不會考慮配色的問題，也不會介意把一張海報疊在另一張上面，或是圖像不搭的問題。然而，就是這種不拘一格的表現方式驅動你的熱情，讓你看著房間內圍繞你四周的圖像、紀念品，不禁升起奇思妙想，心情愉悅。

2007 年 5 月，Nike 在哈林區的第 125 街開設了第一間富樂客籃球屋（Foot Locker House of Hoops）。這家店鋪可以說是籃球殿堂，集合了 Nike 所有的品牌組合—— Nike 籃球、喬丹品牌（Brand Jordan）和 Converse，以展示籃球比賽的昨日、今日與明日。商店的窗戶上裝飾了籃球場的半場場地。當消費者走進店裡，首先映入眼簾的是大廳，廳內滿是紐約籃球傳奇人物的圖像。接著，在轉角處，他們會遇到真人大小的勒布朗與柯比的人體模型，藝術家還特地為這兩具人體模型畫上所有的刺青。牆上有一幅以地鐵瓷磚組成的圖像，圖中人物是紐約尼克隊的明星球員派翠克·尤因（Patrick Ewing）。維多利亞風格的壁紙，以複雜的圖案描繪出籃球賽的構成元素，雕花木板上展示的球鞋閃閃發光。走進精品鞋類區，可以看到各款運動鞋有如獎盃一般陳列在皮革底座上。燈光戲劇性地照射在木雕板上，散發出有如宗教信仰般神聖的光芒，在在強調這些運動鞋都是稀有珍品。

這整個計畫乃是體現對籃球的熱愛，同時也展現了最重要的創意原則之一：即使是最微小的細節，也必須維持最高

的水準。這僅是第一間富樂客籃球屋；在接下來的三年間，全世界總共開設了一百家以上。

這個概念的形成，可以追溯至我與 Nike 籃球創意總監雷・布茨（Ray Butts）在一年前的交談。

我們的談話其實很單純。我們討論了青少年在所居住的環境中，是如何表達他們對籃球的熱情。踏進一位青少年的房間，可以看到牆壁與書架上都是海報、圖片、獎盃和紀念品，反映他對籃球的熱愛，也述說他最喜愛的籃球比賽故事。青少年不可能規劃得很完美，他們都是靠著直覺行事，陶醉於自我表達的滿足感。這個概念並不僅限於籃球，雷與我開始回想我們自己的童年，回憶我們是如何利用房間，作為我們最喜愛的球員與運動的展示間。

然而，假如這是青少年選擇慶祝比賽與他們所喜愛的產品、球員的方式，我們何不以同樣的熱情開設一家商店？大部分的運動用品店都不具有豐富的籃球文化，往往只是將鞋子陳列在桌上或架上，單調乏味。因此，關鍵在於觀點。如果一位熱愛籃球的青少年的房間，具有故事的深度，那為什麼不能作為實際商店的啟發呢？假如以同樣的熱情與關注，創造一個具有多層故事與特色的沉浸式環境呢？倘若這家商店是紐約一棟傳統的褐色砂岩公寓，而該城市底蘊深厚的籃球文化，是好幾代球員創造與培育而成的？這個想法開始發展：商店外觀看來是一間公寓，但當你走進去，便發現自己

抵達了籃球熱情的終極目的地。

　　打從最初的想法開始，我們的目的就是營造一個強調消費者體驗的創意之旅，然後交由聚焦於開拓籃球事業的領袖經營。他們會看到此一創意之旅的重點不在於精準，而是想像力。我們要觸發他們的驚奇感；我們幾乎是領著他們踏進大門，進入一個完全不同的空間。我們將我們的概念與構想整理成一份報告書，封面是真正的 NBA 球衣。我們的目標是製作一本書，讓他們忍不住拿起來翻閱──我們很快就如願以償。

　　一個月後，雷和我站在 Nike 總裁與富樂客執行長的面前。我們利用這本書作為視覺導覽，帶領這支團隊走進我們的概念。在報告時，我不禁會心一笑──我注意到這批為數不多的觀眾在爭搶著這本書，因為我們製作的數量不足以分給所有人。這是一個吉兆，預示這場會議將有一個好結果。

　　除了具有視覺震撼效果的報告書，雷和我將想法視覺化的速度，也是讓這個概念從一場對話轉變為現實的關鍵。你和你的團隊是否常常會出現這樣的情況？在會議上談到一個想法，結束後，離開會議室，過了一個月，甚至一年之後，才再度想起？「嗨，還記得我們上次談到的那個想法嗎？現在怎麼樣了？」這往往是因為沒有人注重這場對話的本質，更遑論將其視覺化。我把這個過程比喻為創造「想法的電影海報」。你要如何將一則故事或概念，變成能夠讓觀眾立

即了解的單一影像？我的原則是：快速、視覺化。別浪費時間在無數次的會議上討論這個想法；利用時間，把想法變成現實。想法變成影像後，可能會讓人感到興奮，但也可能不會。這個影像可能會顯露出許多問題或缺點，需要趕快解決，才能再進一步。然而，不論是哪種情況，你都為想法創造了一個清晰的影像。你得將速度視為創意過程中的一項要件，這很重要，因為我們往往不願展示尚處於雛形的點子。除非這個點子的視覺效果與原型已完美無缺，否則我們不敢提出來。我要說的是，別讓追求完美變成阻礙進步的敵人。

籃球屋的創意，不論是在概念上或實踐上都相當成功，因為它所展現的是一種熱情。如果說 Niketown 所展示的是規模宏大的零售劇院、一場感官盛宴，以及從單一品牌的鏡頭來看運動世界的旅程，那麼，籃球屋就是一則關於熱情與籃球間親密關係的故事，也許規模較小，但一樣重要。籃球屋沒有絢麗的五層樓銀幕，只是將孩子在房間內對最喜歡的運動所展現的熱情轉化成現實，而我們則是以這樣的熱情，作為籃球零售殿堂的活力。

有許多品牌往往逃避展示其熱情，因為這種熱情難以操作。那些品牌將原本可以作為沉浸式體驗的空間塞滿產品，以實際的考量取代了當初促成創意的熱情。反觀籃球屋，所展現出的熱情具有感染力，產品相對較少，有呼吸的空間，讓消費者與故事有更親密的聯繫。熱情引導了對話，進而帶

動 Nike 籃球的品牌與業務。

熱情是一種冒險的情感，因為需要將我們自己暴露於別人眼前。如果你在一場交談中，發現對方是在談論**他的熱情**，你就知道我的意思了。你可以感覺到他們的熱情；他們會說得忘我，當他們終於住嘴時，會感到有些不好意思。這是好事，向你的觀眾展示這樣的熱情，將熱情注入你的品牌、你的故事與你的空間。開始談談你所愛的，千萬不要停止。

籃球屋是一則故事，關於簡單的對話如何演變成高度成功的零售創新。一場對話變成腦力激盪，形成概念，進而實踐成為商店，不消多久，就在全球發展成為上百家店面。雷與我最初討論的構想，在整個過程中，一直都沒有改變；從他和我想像「熱愛籃球的青少年的房間就是終極天堂」開始，接著將點子拿到權勢人士面前尋求支持，再引領消費者走進大門，進入熱情洋溢的籃球殿堂。整趟旅程中，概念持續發展，因為我們勇往直前，而且我們也獲得允許。

這就是鼓勵冒險精神的文化。這就是你激勵停滯不前的零售業奮起，成為全球連鎖事業的做法。在想法生成後，要呵護它，協助發展。讓點子為市場注入活力，在消費者與品牌之間，以及消費者和他們熱愛的運動之間，建立更為親密的關係。

最後的比賽

「第一個進球就算獲勝，沒有第二次機會。」

主持人宣布之後，「最後的比賽」就此展開，一批完美高效的複製人，面對有著缺點、喜愛冒險的挑戰者：超級球星本尊。比賽剛開始時，對人類球員頗為不利，複製人以完美無瑕的腳上功夫輕鬆盤球，超越他們。茲拉坦抬腳射門，球飛向複製人隊的球門上方一角，然而，這個幾乎無法防守的射球，卻被門將輕鬆接住。茲拉坦萬分懊惱，高舉雙手，一臉不可置信的樣子。複製人迅速反攻，將球帶至球星本尊隊的球門區。複製人大腳一踢，球穿越空氣，直奔無人防守的球門⋯⋯在這千鈞一髮之際，巴西球星大衛・路易斯（David Luiz）適時出現，在球門幾吋前攔下這波攻勢。

現在輪到本尊進攻。在幾記妙傳、才華橫溢的腳上功夫與歡樂的氣氛下，人類球員向複製人的球門步步進逼——儘管暴怒的科學家又派出更多的複製人進入場內防守（明顯犯規的行為，但不知怎地，並未被吹罰）。球在位於禁區前方的 C 羅腳下，他看著擋在他與球門之間眾多的防守者。「這太容易了。」他說道。防守者越來越多。「這樣更好。」現在，是 C 羅上演大秀的時候了，他巧妙地穿越有如迷宮的防守陣勢，這位葡萄牙球星以其充滿想像力的動作一再戲弄對手，將球帶至球門前面。他向複製人微笑，將球輕撥入門。

觀眾歡聲雷動。人類的想像力與冒險精神贏了。

　　無論從各層面來看「最後的比賽」，都是一項大膽的影片製作，然而影片本身看起來卻十分簡單。正是因為影片製作得太好，敘述的故事也精彩，反而使人忽略了這整個作品的創新之處。威頓與甘耐迪的創意總監阿爾貝托・龐特（Alberto Ponte）與萊恩・歐洛克（Ryan O'Rourke）構思完總體故事大綱後，採用了任何創意團隊都從未用過的方式。首先，他們設立一間寫手室，集合了各種形式的寫手：對話寫手、故事寫手與笑話寫手。他們第一次提出的劇本長達45分鐘，比一般的商業廣告多出44分鐘。這意味著，這則故事對於我們所要傳達的訊息而言實在太長了。某些團隊可能會就此打消念頭，因為感覺這個計畫根本就行不通。但是，我們反而自問，能否在五分鐘內說完故事？因此產生了我們的第二項決定：既然無法在一般的電視廣告時間播放這部影片，那該怎麼辦？再一次地，有許多品牌可能會決定這項計畫不再值得考慮。因為要是無法作為電視廣告播放，又有何價值？

　　答案：因為這是值得一說的故事。因為我們的概念是非傳統的，就不應受限於傳統的方式。假如要以新的方式與消費者連結，就必須放棄傳統的方式。這正是重點所在；但是，當你行經中途，又不知該何去何從時，真的會感到超級害怕。總之，寫手室終於在無損故事品質的前提下，交出了

剪輯至五分鐘的影片腳本。（儘管我一直想知道原來的劇本若是製作成影片，會是什麼樣子。）

接著，團隊請來熱情影像公司擔任製作動畫的工作，開發視覺世界、設計每位球員的個性。我們無法確定這部動畫最後會是什麼樣子，僅知道絕不能和過去的動畫一樣。它必須與眾不同，也要具有吸引力。與此同時，其風格還必須達到有趣又不會太過幼稚的平衡點。

導致這個動畫的挑戰更加艱難的，是運動員的認可——這也是 Nike 任何一個創意作品都必須面對的典型挑戰。這部影片中出現的所有球星都有權拒絕參與。問題在於，「最後的比賽」是 C 羅與茲拉坦等球星，第一次看到自己以卡通造型出現在影片之中。意思是，要取得他們的認可，需要多費一些脣舌。當我看到第一版毛片時，我有些擔心，因為片中出現太多人物，我開始懷疑這是否真的行得通。

假如製作的動畫太過真實，無疑是限制了此一媒介的藝術表現。因此，我們需要找到一個平衡點。如果有任何一位球員對於自己以卡通造型出現在影片中感到不自在，根本就不會有這部影片了。幸好，我們找到了平衡點，這部動畫展現出球員的真實風格，甚至還有一些「超凡入聖」的味道。

這部動畫帶給我們的益處，不僅在於影片本身。我們的想法是因應世界盃的活動提供即時的內容（在科技能力與人類可接受的範圍內），問題在於，因為版權協議的緣故，我

們無法擷取球場上的偉大時刻據爲己有。球員也沒有時間進行傳統的拍照，提供給我們作爲專有材料。這就是我們轉而聚焦於動畫創新的原因。動畫可以避免這些挑戰，儘管也會產生一大堆新的挑戰。以前從未有過這樣的計畫，原因並非僅在於這是全新的科技，同時也是因爲遍布全球的各團隊之間缺乏必要的鄰近性。

我們的解決方案，是在波特蘭市中心設立一座多達兩百人的 Nike 足球指揮中心（Football Command Center），讓寫手、藝術指導與合作夥伴聚集在一起，並肩工作，迅速靈敏地製作內容。指揮中心一天 24 小時不斷運作，整整持續 30 天，提供 22 種語言。只要 C 羅在比賽中有任何精彩的表現，團隊就會立刻以 C 羅的動畫製作社群媒體貼文，以標題來強化「勇於冒險」的口號。總體而言，我們一共創造了 200 條以上的獨特即時內容，散播於全球的數位平台上。再次強調，這是前所未有的操作。

造成指揮中心如此神奇且成功的原因之一，是空間。不同於一般團隊往往是將公司內部既有的空間再利用、從庫房搬出幾張桌椅交差，指揮中心的空間設計則是有其目的性：培育最具創意與合作性的作業流程。其中的藝術、牆上的格言、攝影與燈光，無一不是刻意規劃，讓團隊沉浸於任務之中，激發他們的想像力。當你對於你所在的空間感到驕傲時——我們就是如此——你不會想辜負這樣的環境。這個空間

本身就是追求創意的體現。

指揮中心散發出「家」的感覺，考慮到其中有許多單位原本都是競爭對手，這是極為罕見的現象。Nike 當時的社群媒體總監穆薩‧塔里克（Musa Tariq）說：「我們一起吃東西，一起看世界盃，一起建立社群。」指揮中心沒有階級與類別之分，大家都處於平等的地位。到了最後，大家對於勇於冒險的追求，反而更勝過 Nike，目標超越了品牌。每個人都接受在這個世界最大的舞台上，發動全球首次行銷攻勢的主意。「Nike 給了你做夢的許可，」穆薩說道，「我們集結了全世界最棒的人們在這裡做夢，在同一個屋簷之下。」

影片的主角之一，是並未進入本屆世界盃的瑞典隊國腳茲拉坦‧伊布拉希莫維奇。茲拉坦的個性**十分獨特**，是「最後的比賽」與我們其他行銷活動的核心。我們必須設法將茲拉坦帶入活動的體驗之中，儘管他的球隊並未參賽。

幸運的是，茲拉坦最受球迷喜愛的特色——他活脫脫就是一位脫口秀演員——為我們提供了解答。茲拉坦以他酷愛用第一人稱發言與無比自信的個性，成為本屆賽事的非官方發言人。我的意思是，這位球員曾經說過：「我一想到自己有多完美，就忍不住想笑。」你就懂了。

於是，我們為指揮中心創造了一顆心臟，一間革命性的數位人偶與動畫工作室。在工作室內，演員穿著動態捕捉服，還有數位人偶能夠做出面部表情，這樣就能創造出栩栩

如生的茲拉坦，最後再以動畫的形式表現出來。此一突破性的創新，讓這位瑞典前鋒可以在 Google hangout 上搭配動畫短片來回答球迷的問題，這些問題是透過 #AskZlatan 的標籤，經由社群媒體提出的。

這些交談進行的方式如下，當主持人問動畫中的茲拉坦是否聽得到他時，這位足球明星回答：「茲拉坦在你開始說話前就能聽到你。」

主持人說：「茲拉坦，我們有來自全球的朋友想問你幾個問題。」

茲拉坦說：「好的，茲拉坦無所不知。」

此外，這位即時動畫版的茲拉坦，每晚都會出現在 ESPN 的世界體育中心（SportsCenter）頻道，單元名稱為「茲拉坦・伊布拉希莫維奇的『今天的冒險』」。我們會在六個小時內完成相關的劇本與動畫。

將上述所有的元素結合在一起之後，考慮到其中有許多都是變動的元素，因此，能夠予以整合，真是有如奇蹟一般。這個活動的效果遠超過預期，影片本身造成轟動。配合世界盃動態製作的即時動畫短片，讓消費者感受到前所未有的體驗，而茲拉坦也再次證明自己為何受到球迷的喜愛。這項活動的成功，為品牌如何提供全球性的體驗，同時又能維持當地的關聯性，創造了新標竿。這就是革命的力量。

在這屆世界盃的賽事中，Nike 不僅是線上瀏覽次數最

多的品牌，這項活動也是 Nike 有史以來線上瀏覽次數最多的。我們可以用幾組數字來說明此次活動的影響力：在數位平台上的三部「勇於冒險」影片總計超過四億次觀看數；兩千三百萬人針對活動相關內容按讚、轉推與留言；「最後的比賽」也是臉書歷來分享數最多的影片。

千萬別保守，要為贏而打

創新突破從來不是謹慎之下的產物。不論是科學或品牌行銷，新觀念的產生都需要大膽、近乎無畏的冒險精神。我們並非因為要嘗試新事物而冒險。我們冒險，是因為要創造思維、溝通與聯繫的新模式；我們冒險，是因為這個世界從未停止轉動，消費者的預期從未停止擴張。

然而，追求品牌創新不應犧牲優秀的策略，這能讓你與消費者之間的關係更加緊密。今天的品牌具有與消費者即時互動的能力，使他們成為故事的一部分。不過，這需要時間與資源。關鍵是在社群媒體與其他數位管道上，提供消費者所需的東西，同時又能在這之間找到平衡點：激發他們的想像力，同時深化他們對品牌潛力的了解。假如我們相信這種珍視關係勝過交易的方式，便意味著當消費者最需要我們的時候，我們就在眼前，而且能以新思維來啟發他們。若要達

到這一點，必須尋求藝術與科學的平衡。當水乳交融時，藝術與科學、數據與想像，就能直觸核心、創造成功。

我們往往會被工作的步調所吞噬，認為只要跟得上就足夠了。但是，作為品牌，絕不能忘記的原則是觸動消費者的情感，使他們與我們更加緊密，也讓我們與他們更加親密。讓想像力和科技為你與消費者之間的連結設定步調。測試你對風險承擔的極限與要求。正如傳奇性的廣告藝術總監喬治・路易斯（George Lois）所言：「你可以謹慎，或者你可以有創意。（但沒有謹慎的創意這回事。）」

「千萬別保守，要為贏而打」的原則

1. 不要請求准許

從品牌文化中抹煞想像力最快的方式，就是要求團隊請求准許使用他們的想像力。隨著時間的推移，將築夢變成你的日常習慣。

2. 要揮大棒

棒球名人堂大聯盟球員的平均打擊率是 .301，意味著他們出局的次數多過上壘的次數，但他們仍被視為偉大的球星。揮出創意的大棒，即使沒有擊中，也會帶你走向成功之路。

3. 製作電影海報

表達你想法的電影海報會是什麼樣子？你要如何利用即時的圖像來敘述你的故事？口述一個想法有其侷限；利用視覺效果，能夠更快將你的團隊帶入你的想法，將你的想法傳達給消費者。

4. 擁抱限制

有時候，有限的時間與經費比較有利。時間與預算的壓力會成為激發靈感的動力。緊迫性能夠產生獨創性。

5. 營造環境

如果你的空間一片虛無，便很難創造情感。不論是實體或數位，都難以在僵硬的白色方格中獲得啟發。營造一個能夠讓你尋求創新的環境。

EMOTION

by

DESIGN

第四章

邁向偉大

「一隻鳥只要展翅高飛，牠的高度便無可限量。」

——威廉・布萊克

對許多人而言，威廉・布萊克只是麥可・喬丹著名的海報「喬丹之翼」上的一個名字而已。這位十九世紀的英國詩人暨畫家，讓人很難聯想到偉大的運動員，但他確實很幸運，他的詩句被可能是史上最受歡迎的海報所選中；這幅海報在 1990 年代初取代法拉・佛西（Farrah Fawcett）的溜滑板海報，高居首位。當然，海報上的喬丹伸展雙臂、一手抓著籃球的模樣，可能也有助布萊克聲名大噪，讓他（也可說是他的詩句）永遠與運動、Nike 密不可分。

根據這幅黑白版的「喬丹之翼」海報設計者朗・杜馬斯表示，他發現布萊克的詩句「抱負宏大，歷久彌新」，此外，其「藝術」在一定程度上能為運動明星增添光采。這項非比尋常的藝術元素，可能也解釋了當時還是明尼亞波里斯藝術與設計學院學生的我，之所以將這幅海報掛在公寓牆上的原因。與 1990 年代數以千計的青少年一樣，我深愛這張海報，迄今都認為這是有史以來最棒的運動海報。我之所以深愛它，是因為「喬丹之翼」並非普通的運動海報，而且它從來都不普通。

在杜馬斯設計「喬丹之翼」之後沒多久，我就開始為他工作，他當時是 Nike 圖像設計部創意總監。杜馬斯在 1980 與 1990 年代初期，就已有多次機會設計喬丹的海報，其中最著名的，是喬丹在 1988 年灌籃大賽自罰球線起跳扣籃，贏得冠軍的影像。幾年前，還有幾幅頗為著名的喬丹海報，是 Nike 傳奇設計師彼德‧摩爾（Peter Moore）的作品，有一幅是以舞台拍攝的方式，展示喬丹標誌性的騰空躍起灌籃動作。這幅海報就是後來喬丹飛人商標的前身，這個商標也是出自摩爾的手筆。

從這些歷史，你可以看出為什麼杜馬斯最新的「喬丹之翼」海報引人側目。它與之前（受到歡迎）的喬丹海報大相逕庭，它所展示的喬丹除了張開雙臂、一手拿著籃球外，沒有任何動作。杜馬斯後來向我透露：「好消息是喬丹與運動行銷部門的人都很喜歡，我們才能繼續做下去。」

杜馬斯告訴我，打從一開始，他就想做一些與眾不同的「高檔」作品。喬丹各種精彩的動作照片早已被用過好幾次，Nike 也已憑藉「騰空灌籃」與「灌籃大賽」的海報居於領先地位。雖說這些海報都具有藝術價值，極為暢銷，但是，重複過去的成功模式並非杜馬斯想要做的。難道一幅海報不能具有更深層的目的、更深刻的意義，好比說藝術的本質？有人可能會說，像喬丹這種球技高超的球員，在場上的表現已達藝術水準，體現了古希臘動作之美的概念。然而更

重要的是，Nike 倡導運動也是人類固有傳統的一部分，就和藝術與文學一樣，因此，應將最偉大的運動員視爲藝術珍品，融入 Nike 的品牌之中，甚至藉此將品牌擴張到新領域。

的確，「喬丹之翼」之所以如此突出，是因爲其所表達的藝術性更甚於運動性。杜馬斯表示：「當我在構思這個想法時，腦海中立即浮現一幅有如藝術攝影作品的黑白圖像。」就像最精美的攝影作品，這張圖像有如一幅畫，主題明確而醒目，但是其含意仍保留開放解釋的空間。因此，「喬丹之翼」所傳達的意義因人而異。換句話說，我看到的可能與你看到的有所不同。我很驚訝聽到這幅海報的設計者杜馬斯所看到的，這讓他想起：「孩子都喜愛張開雙臂奔跑，假裝自己在飛一樣。」布萊克的詩也頗符合此一天眞無邪的孩童形象，鼓勵年輕人勇於逐夢，打破藩籬，拋開懷疑與恐懼，勇往直前。與此同時，喬丹的表情與他有如在進行某種儀式一樣地張開雙臂，感覺他在沉思一般。他並沒有躍起，而是在思考。這個靜態的形象，反映的是人類的身體是由思想所控制。

「喬丹之翼」所體現的不是喬丹的運動天賦，而是人類精神；喬丹也成爲青少年要成爲人上人的遠大志向的象徵。從這個觀點來看，這幅海報所展現的不只是一位偉大的運動員，同時也將 Nike 的宗旨——品牌的核心價值——融入圖像之中：你，也可以成爲一位偉大的運動員。

這張海報的訴求已超越籃球迷，也許這就是它暢銷大賣，甚至連許多沒摸過籃球的人，都會將其張貼在床頭的原因。同時，這也解釋了這幅海報歷久彌新的原因。這張圖像傳達了一系列的價值觀與意義的力量，激發了觀眾最豐盛的感情。除了你自己，沒有人能限制你。展開雙翅，你的前程無可限量。

當然，布萊克說得更好。

🎯 相片與相框

有些人可能認為「喬丹之翼」只不過是一幅非常受歡迎的海報，風格獨特，然而就 Nike 的品牌識別元素而言，意義並不特別重大。當他們想到 Nike，他們想到的是那把勾勾。他們想到的是一個標誌。當他們想到麥可・喬丹，或是任何與 Nike 相關的運動員，他們想到的，可能都是一個標誌，例如「騰空灌籃的飛人」。我們會在本章討論標誌，我不會在討論品牌識別元素時，貶抑它們的重要性；但是，標誌只是品牌用以傳達其識別形象的一個元素而已。「喬丹之翼」與我們所要談到的其他標誌，都是在品牌識別元素的概念下創造出來的。

品牌識別元素往往是行銷策略中被忽略的部分。我與新

創公司或創業家對談時，發現他們有時會低估以一套代表其企業價值觀與經營宗旨的品牌形象、來介紹自己的重要性。換言之，他們忽略了連接品牌與消費者間最強大的品牌情感，即是讓消費者使用你的產品與服務所產生的自豪感。當然，在培養品牌忠誠度之前，首先必須建立以消費者為基礎的資產，不過這一切都是始於以強而有力的**視覺語言**，來傳達品牌的精神特質與形象。

想想某人的簽名。（一直以來）以簽名作為個人的識別標誌不是沒有原因的。沒有兩個簽名是相同的，而且每一個簽名都具有簽名人獨特的風格。你的品牌識別形象也應和簽名一樣，具有與眾不同的風格。你的消費者必須要能立刻由此辨識出品牌價值觀、宗旨，以及讓你在眾多競爭對手間鶴立雞群的特質。你的識別形象，能和其他的聲明或書面溝通素材一樣敘述品牌的故事嗎？你的品牌特質，能夠體現在你的識別形象中嗎？也就是說，你的每個標誌元素，都能強而有力地將品牌特質傳達到消費者眼前嗎？

很明顯地，品牌的識別度是來自其標誌，不過，我們必須超越這個侷限的定義，擁抱更為寬廣的觀點。當我與觀眾討論品牌識別元素時，我往往會以相框為例。你的品牌識別元素，就是你如何框住所有的形象、產品，以及任何出自你品牌的事物。相框不應遮蔽相片之美，或是任何你想展示的東西，也應該包含易於識別的元素，告訴每個人這張相片是

屬於你的品牌。並非每個相框都需要是一樣的。如何調配識別的元素，是一項有趣、具挑戰性的工作，有助於建立強力永續的品牌識別形象。不過，這些相框在形狀、顏色與風格上應具有統一性，足以讓看到的人立刻知道這是屬於你的品牌。「喬丹之翼」是一幅麥可‧喬丹的海報。這位史上最棒的球員是一幅相片；然而其框架、黑白相片的使用、鮮明的形象、上方「雙翼」的字眼、伸展的形態、海報的訊息──都是 Nike 品牌相框的一部分。這些元素在在證明這張海報是來自 Nike，因為它的相框代表了 Nike 的價值觀與品牌宗旨：激勵人人都能變得偉大。運動是一種心態，若要追求卓越，需要在情感的亂流中保持平靜的精神狀態。這一切都是始於勇敢築夢。

這個相框，很明顯地，並不會搶過相片的鋒頭。總而言之，「喬丹之翼」是喬丹的海報，其他任何人都不可能具有這樣的能力。Nike 品牌也不會想要取而代之，不過它就在那裡，是背景的一部分，為消費者提供必要的感情聯繫，同時也將海報提升至不僅僅只是「一張麥可‧喬丹相片」的層次。我的意思並不是做到這一點很容易，也很清楚以最受歡迎的運動海報為例有失公允。但是，只要你明白「喬丹之翼」的意義已不僅只是一幅海報，也理解它實現了各種不同的目的、激發了多種感情，你就會了解品牌識別元素有各種大大小小的運用方式。我承認，大部分的品牌不會如此著重

細節，但最偉大的品牌就是會這麼做，因爲他們深刻了解並珍惜在各種平台建立品牌識別度，只爲強調「**這就是我們**」的重要性。

🎯 框架：品牌的視覺語言

　　想想你最喜愛的品牌。我打賭你一定能毫不費力地說出它們視覺語言中的一些元素，例如鮮明的顏色、獨特的字體，或是標誌。別以爲能說出這些元素只是瞎貓碰到死耗子，或這些品牌形象只是碰巧爲人所熟知而已。這些企業之所以能打造出強而有力的品牌形象，完全在於毫不妥協的堅持不懈。170 年來，Tiffany 的品牌識別元素一直是其標誌性的藍色。在該公司草創初期，這只不過是一種藍色而已，但是，在經過逾一世紀所建立的消費者基礎之下，這個簡單的藍色已成爲「Tiffany 藍」。這個顏色和其品牌已密不可分。另一個奢侈品品牌 Burberry，則是在眾人夢寐以求的服飾上使用代表性的方格圖案——經典格紋。當你看到這種圖案，就知道是 Burberry。又如科技品牌 Google，始終以其商標的變化，來代表這個世界在特定日子所發生的事情；媒體公司 Netflix 則使用紅色作爲品牌識別元素。不論是奢侈品、高科技、汽車或運動服飾等產業，持續致力投資於品牌的視

覺語言，對營收具有直接的影響。因此，這些視覺提示絕非隨意爲之，而是經過精心規劃的。

　　多年來，我經常與 Apple 的品牌設計團隊合作，尤其是與 Apple 當時的行銷溝通創意總監淺井弘樹（Hiroki Asai）。在淺井弘樹的創意領導下，透過對細節的執著、對視覺識別重要性的深刻了解，Apple 充分體現了設計情感的精神本質。Apple 的包裝、產品外觀、店內標誌以及網站上，最常見的是什麼？除了品牌的標誌外，就是白色空間的使用與簡單清爽。Apple 的品牌識別度，是建立在簡潔的力量之上，白色等同於一張白紙，展示出故事的主角，也就是將產品本身置於舞台中央。換句話說，不存在的與存在的同等重要。

　　幾十年來，Apple 都是使用白色空間作爲品牌識別元素。這個顏色，或者該說是沒有顏色的顏色，貫穿其整個產品生態體系。顏色固然不能當作商標，但是，Apple 卻能擁有這種標誌性的白色，以這樣的框架來標示其產品，讓所有人都知道「這是 Apple」。這個相框——Apple 的品牌識別元素——並不會壓過裡面的相片，也就是產品本身，然而消費者能夠感受到它的存在，也因此產生「這是 Apple」的第一印象。雖然簡潔應是任何一種框架的特質，但是 Apple 這種極簡主義的設計，已和其品牌、標誌緊緊相連，能夠激發消費者的情感反應，將簡潔風格與消費者對企業的依戀連結在一起，就像氣味可以引發記憶一樣。

不管是 Apple 與眾不同的包裝，或是零售業巨擘目標百貨（Target）在溝通表達時、以自家標誌作爲視覺標的，這些品牌都是自消費者踏進店裡（或網路商店）的那一刻起，直到消費者購買商品、打開商品爲止，都在努力地傳達其特有的識別元素。這樣的體貼與對品牌意義的了解，促使他們堅持不懈地營造品牌形象，贏得顧客的忠誠。換言之，這不是一勞永逸的工作，品牌必須不斷地營造與發展形象，也必須細心維護，以確保形象能夠代表品牌的方方面面。也就是說，這些品牌具有一種文化內涵，極爲尊重品牌的標準。他們的團隊深刻了解，每個視覺細節都是述說品牌故事的機會。

與此同時，反觀新創公司與創業家，可能會錯失從一開始就努力打造其品牌識別元素的機會。他們聽我談論這個世界上最具標誌性意義的品牌，一邊卻心想這些不可能適用於他們身上。除此之外，他們正忙於經營公司、讓產品上市；他們沒有時間去定義品牌。我可以理解這種心態。在現今的新創企業文化中，必須以驚人的速度將計畫推到市場上，因此大家的想法是，一天只有 24 小時，一個人根本無法騰出時間去創造不能對產品帶來立即效果的視覺標誌。「我們以後再做！」他們以此作爲託辭。但是，品牌識別元素不只是用來辨識企業的一組顏色、模板或圖像。簡單來說，品牌識別元素是建立一家永續企業的基礎。品牌識別元素會進化並成長，但是，鮮少有品牌能夠再造形象。一旦公眾對品牌

已有既定印象，不論是好是壞，這樣的印象都很難再改變。所以，從一開始就要精心規劃你希望你的品牌該有的印象。不要碰運氣，也不要以為「可以之後再做」。現在就開始，你必須為品牌打造最具代表性的形狀、風格與種類等識別元素。初始時可能看不到成效，但是從長遠來看，其益處是不容否認的。

🎯 勾勾回歸

2000 年的夏天，我聽說 Nike 圖像設計部的主管、也就是我的主管，即將離開公司。是時候該站出來宣布自己已經準備好了。我已準備好從設計師升任為領導者。我走進主管的辦公室，宣稱我已準備好接任他的職位。尚未離任的他起初是吃了一驚，不過他說他會把我的名字列入考慮名單中。到了夏季末，當全球都在觀看雪梨奧運時，我成為 Nike 圖像設計部的新主管，負責創造及管理 Nike 的品牌識別元素與全球體驗。

我上任後立即面對的挑戰，是我在短短八年前還是某些人的實習生，現在卻成為他們的頂頭上司。這對一些前輩來說有點難以接受。要化解這個問題，需要一些時間。就和所有事情一樣，尊敬要靠自己掙來，不是隨手可得的。不過，

我對我的新工作有著目標與計畫。我的第一道命令是更改部門名稱：「圖像」二字感覺限制了這支團隊對品牌的責任，因此，我將其改為「品牌設計」。（早在設計界正式出現這個名稱之前，我們部門就已改名。）從此，這個部門的重心不再是圖像，而是品牌。

我的新職位為我帶來了二十年的責任——照看 Nike 的創新品牌、運動員，以及最重要的東西——勾勾。

是的，我要負責維持這個在全世界最具代表性的品牌標誌的完整性，並且加以運用。

壓力一點都不大……才怪。

我的首項任務之一，是幫助勾勾回歸。自 1990 年代中期以來，Nike 只使用勾勾作為最主要的標誌；在這之前則是使用文字標誌（Futura 字型），壓在勾勾上。2000 年時，有一段短暫時期，我們決定進一步回到品牌傳統，重新使用 Nike 於 1970 年代初期包裝上的手寫體標誌。此舉乃是出於多種原因，勾勾的使用當時已過於浮濫，有時候一雙鞋子會出現十二個勾勾，因此需要加以限制。藉由使用復古的 Nike 手寫體標誌，我們認為可以減少對勾勾的依賴，並引進新的品牌識別元素。但是，我們很快就發現，手寫體標誌缺乏勾勾那種激勵人心的力量，及其所擁有的品牌資產；我們反而將一個簡潔有力、深具代表性（這點最重要）的標誌複雜化了。勾勾就是 Nike，Nike 就是勾勾。以實際的文字作為標

誌，是有些多餘了。

因此，勾勾的休息時間已經結束，我們已給了它喘息的空間，該是它奉召回營的時候了。讓勾勾回歸再度成為品牌標誌的同時，我們也設立了一套全新的品牌準則。我召集團隊集思廣益，一起討論向組織宣告此一改變的最佳方法。我們討論的結果是製作一本金屬銀色的品牌說明書，封面要有勾勾的浮雕。這部「品牌聖經」並非僅供行銷人員與設計師使用，而是要讓公司的每一個人都了解我們的品牌標誌有多重要。在這本書中，我們為勾勾設定規矩與界限，亦即可以或不可以在何時與何地使用。我們的概念是要把勾勾提升到聖物的層次，而這些規矩是用來保護勾勾的。我們稱之為「勾勾的復興」。我們首先在比弗頓的公司總部內，為這個簡潔有力（沒有文字）的品牌標誌回歸，營造出一股興奮之情，再將這個新（舊）標誌推向全世界。如此，也是再次告訴公司全體，沒有任何一個細節是小到可以忽略的。就和廣告一樣，品牌的推廣已深植於 Nike 的文化之中。

上述這些舉措似乎有點庸人自擾。我的意思是，不論 Nike 是否有那個經典的手寫體標誌，難道勾勾不是 Nike 已使用近三十年的商標嗎？少有品牌能像 Nike 這樣擁有卡羅琳‧戴維森（Carolyn Davidson）所設計的、如此簡潔流暢的標誌。（菲爾初次看到這個勾勾的設計時，說出他傳奇性的感言：「嗯，我不喜歡它，不過也許它會讓我越來越喜

歡。」）這樣的好運不能被視為理所當然。我常常提醒團隊，我們應該感謝擁有勾勾，這個標誌直到今日仍是全球品牌行銷人羨慕與嫉妒的目標。

這個勾勾到底帶來什麼不同？這個標誌不是已在 Nike 的鞋子兩側好幾十年了嗎？若要了解其中的重要性，首先必須知道勾勾是何時成為 Nike 的商標。也許會有人認為，由於勾勾是全球辨識度最高的品牌標誌，也是 Nike 一開始就置於運動鞋外側的標誌，因此勾勾一直以來都是 Nike 所有產品的商標。然而實際上，在 1994 年以前，Nike 的文字標誌（Futura 字型）才是所有產品的行銷傳播素材，包含電視、平面廣告、廣告看板、鞋盒上的商標。所以，到底發生了什麼事？

阿格西效應

1994 年，朗・杜馬斯與一批品牌主管想出一個主意。他們在當年六月觀看了溫布頓網球賽，安德烈・阿格西在這場賽事中身著全白色的 Nike 網球服出賽。更重要的是，阿格西頭上戴的全白色 Nike 帽，上面有一把黑色勾勾，卻沒有 Nike 的文字標誌（Futura 字型）。觀眾對阿格西帽子的反應十分直接且熱烈。在比弗頓的總部，這個簡約高雅的標

誌更是造成轟動。

「這個印在衣服上的標誌，給人純淨聖潔的感覺，一出現在世界舞台上，立刻引來眾人議論紛紛，公司內部人士也無比激動。但最終產生了一個問題—— Nike 要如何將這個簡單的設計，轉化應用到傳播與品牌識別元素的每個領域中。」杜馬斯後來這麼告訴我。

這項工作並非只是簡單地在幾年後改良 Nike 的手寫體標誌。首先，我們必須了解 Nike 的商標在公司的品牌元素與傳播中使用了多少，更別提在消費者之間建立的形象資產。杜馬斯及其團隊必須確認勾勾標誌的所有用途，包括（但不限於）廣告、包裝、零售與平面材料等等。換言之，這是一項大工程。

杜馬斯要考慮的事情非常多。這個只有勾勾的設計，對 Nike 的品牌有何**意義**？改變了什麼？為什麼要改變？若把公司商標去掉一半，你不可能指望大家沒有任何反應，不論是正面或負面的。有些人可能會為這項決定辯護：「只是小小的改變，有什麼差別？」雖是小小的改變，卻會造成變革性的巨大差異。

杜馬斯在園區內的約翰馬克安諾大樓，為經營高層準備了一場說明會。他在會議室設立多張大型看板，展示勾勾標誌的所有用途。杜馬斯後來回想，這場說明會持續了一個小時左右，經營高層對於這項建議改變標誌的提案不置可否，

不過看來心情還不錯。

「雖說我很愛我們的設計，認爲它頗具新意，但我還是有些緊張，因爲我們是提議把全球性企業的整個品牌識別元素，改成一個簡單的標誌，」杜馬斯後來回憶說道，「那個時候，我不認爲《財星》（*Fortune*）全球 500 大企業中有任何一家會採取這樣的行動。我心想：『這下可好了，我將成爲毀滅一個偉大品牌的創意總監！』」

第二天，杜馬斯接到通知，提案通過。就這樣，沒有焦點小組討論，也沒有消費者調查。領導高層覺得就該是這樣簡單的設計。不過，對杜馬斯來說，他的工作才剛開始。

他說道：「當時，這可能是在我的事業生涯中規模最大的計畫。我們接下來大約花了半年的時間來完成細節的規劃。」

他所需要的是一項綜合性計畫，將這個新設計運用於 Nike 所有的包裝與產品上。直到 1996 年春季，這個只有勾勾的商標，終於正式通行全球。

消費者與產業界的總體反應非常正向。「出現了一些非常新鮮、具代表性的事情，我認爲這些都有助於 Nike 往後的持續成長，提升其品牌實力。」杜馬斯總結說道。

所以，沒錯，更改商標是一件大事……

然而，最重要的不是在於我們更改了 Nike 的標誌，而是爲何要改。對杜馬斯與其他人而言，看到阿格西帽子上單純的勾勾圖案──這個沒人料想到未來竟會導致整個企業變

革的設計——提供了靈感，讓我們重新審視某樣東西，而我們與這個世界最終也賦予其非凡的意義。一個品牌的旅程，始於首次設計其標誌（簽名），當這個標誌變得神聖不可侵犯時，只要稍微提及想做一些更動，就會被視爲異端邪說。從菲爾聳聳肩、表示勾勾「也許會讓他越來越喜歡」，到杜馬斯啟動他職涯最大規模的計畫（他的職涯充滿了大計畫），其間所經過的時間是從 1971 年到 1994 年，正是 Nike 爲品牌識別度與標誌建立資產的時間。

剛開始時，只是想設計一個看來很酷的標誌，希望能幫助你的品牌在眾多競爭對手中脫穎而出，最後則成爲你與你的團隊的驕傲。如果一切都做對了，這個標誌也會讓顧客對你的品牌產生驕傲感、認同感與信任感。若是沒有這些價值及意義，標誌只不過是一個圖案而已。除非它具有某種意義，否則什麼都不是。

第一直覺

勾勾的回歸，並非我擔任品牌設計總監頭一年唯一值得一提的事情。我們當時正準備推出全新的 Nike Shox 彈簧鞋平台，這是一項鞋底夾層的重大創新設計。鞋底的 Shox 圓形氣柱有類似彈簧的作用，先是吸收來自腳跟的壓力，然後

有如彈簧一般，釋出反彈的力量。這是一款未來的鞋子，是針對新世紀的產品。

當時負責所有產品開發的主管馬克‧帕克（Mark Park-er），要我主導這套全新的 Shox 系列品牌識別元素工作，也就是為其設計標誌。設計標誌是我吃飯的傢伙，但我也知道，以我現在的新角色來說，我需要減少這類的工作。我是在領導一支創意團隊，我必須授權他們去做這類工作。但是，當他開口時，我便忍不住根據他的要求，記下筆記，畫了一張 Shox 標誌的速寫。這只是一幅塗鴉，僅是將我腦中對於該鞋款的概念，轉換成簡單的設計。然而我必須再次強調，這是我吃飯的傢伙。這幅速寫是一個 S 字母，看來有些像反向的 Z，上下各有一道橫槓，基本上就是一個彈簧。我闔上筆記本，將它拋到腦後，開始專注於真正的設計工作。

在開發新標誌的工作上，我們團隊大手筆花費資源的情況並不少見，因為這對於能夠出現在全球數以百萬計運動員腳上的標誌而言，只是微小的代價。我找來兩家不同的設計公司，總共為我們提供了八種 Shox 標誌。這個數量聽來不少，但我們在品牌開發上向來是不遺餘力。然而，我們在審核這些設計時，沒有一個是完全令人滿意的。我想起我的那幅速寫，於是把它拿出來。我當時只是想將它作為其他設計的參考，可是，我們在繼續審核的過程中，我不斷想起這幅速寫所展現的簡約性。最終，我不得不承認這幅速寫其實不

是速寫；它也是競爭者之一，於是我將它加入候選名單。馬克和我審核了所有的設計，但我們兩人最終總是回到我的設計。也許我最初並不在意這個草圖，是因為它太過文字化。的確，難道這兩家設計公司的作品，還會不如一個反向的 Z 嗎？與此同時，我想到為什麼「最好的標誌會被視為最好」的原因：簡單、有鮮明突出的視覺效果、具故事性。馬克看著我，表示就是它了。

有的時候，你繞了一大圈，又回到起點，也就是你產生第一直覺、同時也是正確直覺的地方。於是，我的反向 Z 成為 Nike Shox 的標誌。這個標誌之所以能發揮效用，是因為它完全符合一個成功標誌所應具備的三項條件：看起來是一項創新（一個彈簧）；有吸引人們注意其創新的能量特質（幾乎就像一個會彈出頁面的彈簧）；涵蓋了一個字母元素（反向的 Z 其實是代表 Shox 的 S）。很少有標誌能完全具備這三個條件。我以這樣的方式結束我在 Nike 設計標誌的日子，還算不錯。

不過，我們的工作還沒結束。我們接著要為 Nike Shox 創造一個口號，以令人印象深刻的有趣方式來凸顯其創新之處。於是，就有了「啵嚶」（Boing）這個完美的口號，有趣、簡單，又具有描述性。當然，它也是自廣告代理商威頓與甘耐迪腦中彈出的創意。我們不再需要其他的東西了。那年夏天的雪梨奧運無疑也幫了我們一個大忙：美國男籃隊的

文斯‧卡特（Vince Carter）是全球知名的灌籃球員之一，他將穿著 Nike Shox 出賽。在與法國隊的比賽中，卡特抄到一球，他運了兩下，然後將自己發射到半空中（啵嚶一聲），有如神助一般，越過身高 218 公分的法國隊中鋒弗雷德里克‧維斯（Frederic Weis）頭頂，表演一記文斯‧卡特風格的灌籃。這是一個很好的標誌，口號也不錯。再好的行銷手法，都不及這個神奇的時刻。

愛因斯坦曾經說過：「盡可能將每件事變得越簡單越好，但不要簡化。」每當我在思考標誌設計時，就會想到這句格言。我的 Nike Shox 標誌的簡約性，是來自靈光乍現。然而即便如此，也可說是過度歸功於那一刻了。我只是聽著馬克的描述，隨手畫下腦海中出現（彈出？）的第一個想法。與其說它是靈感，倒不如說是直覺。此外，我也並非**想要**創造某種奇特的東西。我後來就將它擱到一旁，不理不睬。我沒有時間將它複雜化，或是為它絞盡腦汁，又或是添油加醋，使其變得過猶不及。它之所以簡單，是因為它來自直覺。

多年來，我們創造出能夠給予你「力量」（Force）或讓你「飛行」（Flight）的籃球鞋標誌，也為提供 Max Air 或 Zoom Air 氣墊的跑鞋設計標誌，甚至還有植基於城市文化的品牌標誌「洛城 Nike」（Nike LA）與「紐約 Nike」（Nike NYC）。我們也有萃取偉大運動員的精華的品牌標誌，如老虎伍茲與小威廉絲等。重點在於，不論你是第一次嘗試、還是花了一

年的時間來思考不同的標誌方向，品牌都必須致力於打造視覺核心，因爲這是視覺語言中其他一切元素的基礎所在。

相框內的圖片

Nike 的觀念是，每項產品的推出，都是引領消費者進入新天地的機會——一個充滿抱負、實現夢想的內心世界。爲了讓創新不僅只是工具或商品，更爲了激勵菁英運動員，我們必須爲創新注入感情。打個比方，在框架內創造品牌影像，就是建立一個充滿想像與隱喻的圖像情感世界，對產品注入熱情，以非凡的方式傳達其好處。這些不只是圖像，而是故事；每則故事都體現了某個時刻，同時也反映了 Nike 品牌的整體形象。

一幅圖像可以傳達許多訊息。才華橫溢的 Nike 前設計副總裁希瑟・安慕妮—戴（Heather Amuny-Dey）就曾指出：「一幅偉大的圖像擁有最精心製作的電影場景的力量，就在那一瞬間匯聚在一起。當我們看到有人做出非凡的事情，作爲人類，我們也會以獨特的方式做出反應。」

爲了實現這個目標，我們運用美術設計與攝影的力量，形塑品牌的人物誌，述說運動員和產品的故事。我們與攝影師合作，例如安妮・萊柏維茲（Annie Leibovitz）能捕捉運

動員的英雄氣概，或是卡洛斯・塞羅（Carlos Serrao）掌握運動性與姿態的能力，又或是約翰・休伊（John Huet）會汲取存在於運動中的靈魂。不論是與誰合作，每每都能透過這些才華超凡的攝影師的鏡頭，為品牌帶來新的面向。他們能夠把自己的風格注入圖像之中，也就是 Nike 用來將品牌傳播到全世界的形象。

攝影師的挑戰，不僅是要在技術上捕捉到對象更為深層的一面，也必須激發對象進入更高的境界。我的意思是指，一個真實的地方與一個神奇的時刻，將幫助觀眾在情感上與圖像相連。當我有機會記錄 1999 年美國女子足球隊邁向帕薩迪納（Pasadena）世界盃之旅時，我發現這一點是再明顯不過了。考慮到她們參加這場賽事的氣勢，這可以說是一份艱鉅的工作。我需要一項全國性的攝影計畫，讓照片能出現在活動中、商店內，或是任何渴望成為她們一員的小孩的房間牆上，以宣揚 Nike 與這支球隊的夥伴關係。我選中澳洲攝影師班・沃茲（Ben Watts）與我合作。班的作品擁有獨特的記錄風格，此外，他在每場拍攝工作中，都具備近乎超人的能量。這樣的能量具有感染力，也正是我們所需的特質，能夠讓這些了不起的運動員變得生動有趣。

我們的工作和班的責任，是凸顯這些球員的個人特質，同時建立全隊的形象。我們好幾天來換了許多地方，先是拍攝五位傑出的球員──分別是布蘭迪・查斯頓（Brandi

Chastain）、米婭・哈姆（Mia Hamm）、蒂莎・文圖里尼（Tisha Venturini）、蒂弗妮・米爾布雷特（Tiffeny Milbrett）與布里安娜・斯柯里（Briana Scurry）。她們每一位都有獨特的個性，在球隊中都扮演重要的角色。我們必須展現這些特質。有鑑於我們是在她們的訓練期間進行拍攝，無法保證她們一直維持高度的活力，因此，班必須帶動與激發她們；他做到了。於是，我們有了鬥志昂揚的米婭、活力充沛的領袖布蘭迪，以及自信滿滿的布里安娜。這些都是透過特色鮮明的相片表現出來的。

我們也記錄了她們生活的點點滴滴，來補充個人的影像：一起訓練、一起用餐、與球迷的互動、休息和打鬧等等。雖然這些影像不如球員射門得分那樣戲劇化，但也為觀眾開啟了一扇窗，讓他們看到這些了不起的球員，在場下一起生活與訓練的情形。透過這些影像，觀眾也跟隨她們參加了這趟「帕薩迪納之旅」，一同度過平凡又戲劇化的時刻。這是美國史上最偉大的球隊之一，這趟旅程絕對值得。

不過，這項有關這些女士的計畫，還有更為深層的意義：我們捕捉到了其中的真實性，這是這個業界很罕見的情況。要看到一個人的本性，需要對方決定把自己完全暴露在你眼前。多年來，女子球隊的形象表現，只會透過比賽中的運動性或具英雄氣概的相片來展現。我們的目的是展現這些球員私下的一面，她們雖然都穿著制服，但我們所凸顯的是

她們**本人**，而非球員的身分。在投注必要的時間、資源與才能之後，我們得以彰顯這些非凡超絕的運動員人性化的一面。

一位參與拍攝工作的 Nike 文案寫手丹尼・溫迪（Dennie Wendt）後來告訴我：「這些拍攝與這支足球隊的表現之所以受到歡迎，其中一個原因在於關係與真實性。它完全不像是行銷活動的操作。我們彷彿是一條幸運的管道，將這些球員與想更加了解她們的小孩連接起來。」

這就是我們的目的。將球迷、尤其是敬佩這些超凡球員的孩子們，帶至這些英雄的身邊。這就是相片與攝影的力量，將捕捉到的瞬間，帶到消費者的眼前，讓他們的情感與運動員連結起來。

隱喻的藝術

是的，它看起來有些蠢萌。有誰會剃光整顆腦袋，只在前額留下一小塊半圓形的頭髮？我問的是一位幾十年來一直為我理髮的師傅。剃頭，有正確的方式，也有錯誤的方式，而在 2002 年的世界盃，當時全球最著名的足球員，巴西的羅納度就選擇了**錯誤的方式**。儘管乍看之下滑稽可笑，但羅納度的髮型並非理髮師傅的無心之過。他知道如何引起眾人的注意，同時也知道能以他精彩的表現來支撐這款髮型：他

在這場賽事以最多的得分數贏得金靴獎。對運動員來說，有風格、無成績等於是過眼雲煙，空洞無物。在品牌的世界，一項產品儘管漂亮，卻毫無用處，便只是在積灰塵罷了。我在十八年間領導品牌設計與相關運動員及產品的生涯中，一再強調形象的重要性，因為形象能提升運動表現與我們的創新效益。在羅納度的世界盃毛囊宣言事件經過多年後，Nike 的品牌溝通創意大將恩里科・巴萊里（Enrico Balleri）創造了「髮型很重要」的口號來強調這個論點。

到頭來，羅納度的髮型並非重點；重點在於，羅納度了解、巴萊里也了解——操弄一個人的形象以造成轟動，是在相框內放置圖片的另一種方式。隨著 2006 年世界盃在柏林開打，我們繼續以足球形象作為主題。Nike 開始發展足球事業的方式之一，是將我們的頭牌足球員及其署名鞋款，視為他們專屬的品牌。創意團隊會進行一些操作（有的看來有點奇怪），以了解他們作為球員與個人的核心特質。這種方式會直接顯示他們的品牌識別元素應是什麼，以及他們應該傳達何種特質：他們感覺像什麼、聽起來像什麼，以及看起來像什麼。

為了在過程中造成刺激，創意團隊製作了帶有隱喻的「情緒板」，讓他們有所反應，然後與若干實體事物相連。例如：你在足球場上是一輛跑車，還是摩托車？你是哪種動物？蛇、鷹，還是虎？這些都是掠食動物，但是攻擊的方法不同。你是什麼？就態度而言，你是鋒利如鑽石，還是如塗

鴉一般具有表現力？

我們會在他們面前進行操作，觀察他們的反應。他們大部分的反應都屬正面，有的時候覺得有趣，有的時候又完全反對，不過這些資訊都很有用。普遍來說，他們都乾脆果決，了解我們的意思，也知道他們自己是什麼。然而，激發反應是關鍵所在。像 C 羅這樣的運動員就十分明顯：他是一顆鑽石。這也意味著 C 羅的視覺化人物誌十分單純、優美且精緻。這有助我們建立整個足球品牌的優勢，同時也能忠於球員的特質。創意團隊將這些觀點與對話，轉換為運動員及其鞋子的視覺化人物誌，他們也因此不再只是運動員或一雙足球鞋，而是他們人格與品牌的延伸。鑽石、太空船與超級跑車的元素總合，塑造出 C 羅爆炸性速度的特質。換句話說，並不是僅有一個隱喻，而是藉由多個隱喻圖像的結合，創造出具有挑戰性的世界，以定義球員的比賽風格與足球品牌。

◎ 曼巴精神

接著輪到柯比・布萊恩出場，這是一位不需要情緒板來猜測他的隱喻的人。與柯比共同設計他的品牌識別元素及其專屬球鞋「柯比 7」（Kobe VII）的期間，我們很快就了解，他不需要外界的鼓勵，就能激發靈感。柯比有許多靈感都是

來自藝術。他特別欣賞墨西哥的超現實主義畫家，奧克塔維奧・奧坎波（Octavio Ocampo）。奧坎波以其多變的畫風創造視錯覺藝術著稱，將小型的複雜圖像整合為大型的圖像。你對畫作看得越深入，就能發現越多的東西。

柯比告訴我們的創意團隊，他十分著迷於奧坎波「畫中有畫」的風格。他表示，這項藝術直接與此相關：他看待自己的比賽與心態的方式，以及別人看待他的方式。和奧坎波的藝術一樣，他在比賽中的表現，在某個對手眼中看來是一個樣子，在其他對手眼中又是完全不同的樣子。這個觀點直接引領 Nike 為柯比創造出「不同的動物，同樣的野獸」（Different Animal, Same Beast）活動。Nike 與喬丹品牌的前設計副總裁大衛・克里奇（David Creech），帶領團隊製作了三則動態影像，每一則看起來都像是一雙球鞋，但只要接著繼續看，就會看到球鞋變成一個蛇頭、一頭豹子與一條大白鯊。這些就是柯比在場上的心理與球風的隱喻。柯比從原本的黑曼巴，化身為其他同樣具有殺手本能的動物，這種在賽場上迸發的獸性，讓消費者得以透過「畫中有畫」的風格，看到他內心深處的曼巴本質。

當然，我們還需要確保消費者能夠了解柯比的球鞋在球場上的優勢。我經常提醒創意團隊，我們最終必須滿足購買這項產品的運動員的需求，在這個案例中就是「柯比 7」。這也一直是 Nike 品牌的目的。我們該如何在述說柯比改變自

我、自心理面迸發獸性的故事的同時，又能向運動員展示穿上這款球鞋的好處？對於球員而言，穿上這款球鞋，可以帶來在攻擊上的兩個優勢：攻得快，攻得強，就像曼巴一樣。

對於鼓勵我們多用想像力與突破傳統的行銷方式，柯比遠比任何一位運動員都還要積極。我們曾與藝術家克里斯多弗・羅伯斯（Christophe Roberts）合作，在畫廊中展示用柯比的舊鞋盒製作與實物相同大小的大白鯊。我們將他的球鞋放在玻璃箱內展示，彷彿他的球鞋就是黑曼巴。這些都是奧坎波的「畫中有畫」，我們爲他的品牌創造出多種面向，就看你如何解讀，如同他的對手一樣。

柯比熱衷於爲自己的品牌識別元素賦予更深刻的意義，他這樣的執著也延伸至他的標誌上。乍看之下，他的標誌是由六片不同的塊狀體所組成，這是根據日本武士而來的靈感。但是，對柯比來說，品牌識別元素絕不只是表面上看來的樣子，而應該要像是一幅奧坎波的畫作。柯比曾經告訴《君子》（*Esquire*）雜誌，這個標誌代表在劍鞘內的一柄劍。柯比解釋：「這柄劍鋒利無比。劍鞘則是存放一切的包裹——你所經歷的過程、你的傷痕、你的行李，還有你所學到的一切。」[6]

這就是曼巴精神。

柯比致力於傳達他內在的獸性，以及他的努力不懈，使我們很容易就發展出以他爲主的概念。柯比以他自有的

創意，使我們變得更好。他是一位老師，教導我們保有好奇心，同時也不介意自己成為學生，以進一步提升自己的球技。

設計夢想

　　我們的角色已從品牌的推廣，轉移到意象的設計上。不過，我們在談論品牌識別元素的重要性時，必須考慮到環境的問題，不論是實體或數位的。要讓觀眾沉浸於你的品牌價值之中，最好的方式莫過於提供一個空間，讓消費者投入所有的感官，真實地看到、聽見與觸摸你的品牌。

　　來看看這個例子。你在一條繁華的街上漫步，經過一家店面，櫥窗內擺滿了經過精心安排的旗幟、配有畫框的圖畫與精緻復古的獎盃，在黑色木板背景的襯托下，看起來就像是電影場景。你走進店內，看到牆上裝飾著大學三角旗、球隊的黑白照片，還有與木板窗臺完美搭配的家具。這些所有的元素與人體模型身上色彩多樣的衣服形成鮮明對比，光彩奪目。整個環境優美雅致，沒有過度修飾，貌似有一種特定風格，但又不是指某一段特定的時期。它並非定義出某一個年代，而是永恆的。你繼續在這個空間內移動，接二連三的場景，讓你感到整體環境古典且傳統，就像是距離現在五十年前與五十年後的情境。

我從小就對雷夫羅倫品牌的故事感興趣。羅倫本人曾經說過：「我不是設計產品，而是設計夢想。」這也正是你走進雷夫羅倫店內的感受，立刻就會被其中所承諾的生活方式所吸引，這是經典的美國式優雅休閒生活，他們販賣的不是衣服，而是一種期望與抱負。雷夫羅倫的基本款馬球衫數十年來都未改變（實際上是自 1975 年以來），這並非沒有原因。羅倫也曾經說過：「我並非一個追逐時尚的人，而是反時尚。我感興趣的是持久不變的永恆風格。」從馬球選手標誌、櫥窗擺設、室內設計到衣服本身，雷夫羅倫是一個十分注重其特色的品牌。換句話說，他們創造了一個有如電影場景的情境，這是一種精心營造的策略。

　　「我每次設計衣服，就是在設計電影。」

　　事實上，雷夫羅倫所銷售的就是其品牌識別元素。對於每個情境中的細微末節都不放過的注意力，是雷夫羅倫成功的原因，從百貨公司裡的領帶店，發展成為全球最為人所熟知的奢侈品牌之一。

設計歐巴馬

　　2010 年，我們在西雅圖舉辦了一場全球行銷會議。我當時擔任的是 Nike 新創立的職位：全球品牌創意部副總裁，負責 Nike 的品牌故事及其識別元素、發言與體驗的創

意。當時的行銷長大衛‧葛萊索（Davide Grasso）要我上台發表以 Nike 品牌創意特質為題的演講，這是我與我的領導團隊共同製作的，主要是展示我們需要傳達給消費者各種不同的品牌特質。我將會在一位特邀嘉賓演說之後上台，但大衛並沒有告訴我這位嘉賓的名字。不過我從他興奮的表情可以猜到，這位嘉賓一定是特殊人物。

答案揭曉，魔術強生（Magic Johnson）走了出來，全場雀躍不已。他講述了他在 1980 年 NBA 冠軍賽系列第六場得到 42 分的歷史性故事。在那場對抗費城 76 人隊的比賽中，強生挺身而出，頂替受傷的卡里姆‧阿布都—賈霸（Kareem bdul-Jabbar），魔術傳奇於是誕生。那天晚上，他無所不在，還發明了他專屬的天勾（sky hook）版本，即是著名的小天勾（baby sky hook）。魔術強生傳達的訊息十分明確：當大家都以為克里姆受傷、他們都完蛋的時候，他卻不是這麼認為。當賭注最高、賠率又對你最不利時，正是你必須拿出最佳表現的時候。

在這麼精彩的演講之後，輪到你上場時又該如何表現？幸好，我也有一張王牌。為了強調品牌策略對 Nike 品牌擴張與業務成長的重要性，我特別邀請了 2008 年歐巴馬總統競選團隊的設計總監史考特‧湯瑪斯（Scott Thomas）來助陣，他也是《設計歐巴馬》（*Designing Obama*）一書的作者，這本書是這場歷史性競選幕後的藝術、設計與故事作品集。

我的決定有些冒險，因為有人可能會認為我把政治帶入工作場所，不過我覺得我能處理得宜，讓大家專注於其中的故事與經驗。

在此之前，從來沒有品牌策略與視覺溝通設計能像這次一樣，在總統競選活動中扮演如此重要的角色。整個活動的關鍵在於歐巴馬的標誌：一個藍色的 O 字母，字母下半部是紅白相間的旗幟。這個標誌是來自旭日東昇的靈感，可謂前無古人，後無來者。這個標誌之所以成功，不只是因為其中蘊含的情感力量與簡潔設計，還有其客製化的能力。史考特與團隊為十二個群體分別設計了不同版本的標誌，並為美國各州提供了五十個不同的版本。

史考特指出，他們不只是要設計與候選人聲音相搭配的視覺語言，同時還要加以強化。透過顏色的組合、文字造型與圖案，他們給了人們希望、期待與信念。這個標誌的設計是為了彰顯候選人本人，而不僅僅是一個把候選人名字放在「2008」旁邊的漂亮標誌。史考特與團隊了解這位候選人為什麼能夠引起社會各階層民眾的共鳴，而他們的工作就是創造一個能具體表現此種感覺的標誌。他們知道，如果他們做對了，而候選人本人又能為這樣的視覺注入深刻的意義，就能創造出一個標誌，抓住他的支持者的情感。

總而言之，這個故事並不是要與魔術強生驚心動魄的第六場決賽媲美（我們必須承認，這是史上最偉大的運動故事

之一），而是展示創造傳奇所需投入的技藝與心血，不論是在球場上還是競選之路。

邁向偉大的比賽臉

運動員常常談到，他們在進入競技場時會戴上自己的比賽臉（game face）。這是一種專注、堅決、充滿勁道，心中只有一個目標的神情。他們臉上的表情反映了心中的感覺。他們已準備就緒，沒有任何事能阻止他們前進。

你的品牌識別元素——你向全球展示的形象——就是你的比賽臉。這是消費者看到你的時候的樣子。在幕後，你可能會為競爭所需的狀態進行準備，但若你沒有向消費者展示這一面，他們可能會以為你是一位精神煥散、沒有鬥志的選手。我們如何向世界展示自己，是非常重要的。這個世界如何看待我們的品牌，將決定他們對我們的品牌的接受度。接受的力度會隨著時間增長——你無法一蹴而得，同時你也需要視覺表現、即一個標誌，作為你的標準。不論消費者是在何處或如何與你的品牌互動，都要讓他們能立即感受到此一標準。他們必須知道你的品牌所延伸的一切事物——每個產出、每次溝通與每款產品，都有專屬你的簽名標誌。所以，發展你的比賽臉吧，將其提升至偉大的水準。

「邁向偉大」的原則

1. 標誌不只是標誌

你的標誌在最初時，也許感覺就只是一個視覺簽名，但是，你需要視之為與品牌的未來有關的一部分，也是最重要的一部分。你要致力讓標誌朝正確的方向發展，讓標誌承載你的消費者一生的抱負與期望。

2. 圖片與相框

創造一個強大又足以辨認的框架，但不要讓框架壓過裡面的圖像。你的品牌基礎是你所要講述的故事的舞台。框架越強大，你的故事就越有力。

3. 髮型很重要

沒有出色表現可支撐的風格，有如過眼雲煙，很容易被人淡忘。有表現卻無風格，儘管受人尊敬，卻無法超凡出眾。只有表現與風格相輔相成，品牌才能脫穎而出。

4. 畫中有畫

為品牌的圖像提供深度與素質，使其具有多層意義。消費者越了解你的品牌，他們與你的品牌的連結就越緊密。

5. 打造場景

你要讓消費者走進什麼樣的電影、什麼樣的場景？為你的品牌與產品打造一個有如電影、能夠觸動所有感官的沉浸式世界，更重要的是，創造一個讓消費者也能成為角色之一的故事。

6. 簡約，但不妥協

有時，你沒有說出口的，與你的所作所為同等重要。品牌識別元素，是加法與減法的操作。揭示最要緊的事物，讓其他的逐漸消逝。

7. 堅持到最後的 10%

你要堅持讓最微小的細節也能達到最高的標準。每一個細節，不論多麼細微，都是揭示品牌故事與表明「這就是我」的機會。久而久之，你對品質的重視，會得到消費者尊重你的回報。

EMOTION
by
DESIGN

第五章

勇於被記住

Nike 創辦人菲爾·奈特與我正準備走上講台，他突然轉頭對我說，他看了我為他與其他成員準備的問題，覺得我們可能要做不少的插科打諢來消耗過多的時間。他的意思是，我準備的問題可能無法填滿我們預計的時間。

在這樣的憂慮下，我們走上臨時搭建的講台，迎接我們的，是在傑瑞賴斯大樓中庭內數百名鼓掌歡呼的 Nike 員工，還有全球線上的觀眾。我曾做過多次有關 Nike 品牌推廣的活動，但是，沒有一次像這次一樣。此外，也沒有這麼多最高層的主管出席，包括菲爾·奈特、威頓與甘耐迪公司的丹·威頓（Dan Wieden），以及自 1980 年即在 Nike 的元老級員工——目前擔任 Nike 創新部總裁的湯姆·克拉克（Tom Clarke）。

是的，在菲爾發表談話之前，我已感受到壓力。現在的我更是汗流浹背。

2013 年，Nike 慶祝「做就對了」口號誕生 25 周年紀念，該口號是由丹在幾十年前親自創造出來的。身為全球品牌創意部副總裁，我的角色是在這場慶典上，為三巨頭安排四十分鐘的對談，談論 Nike 的歷史與品牌的成功之道。考慮到「做就對了」口號過去 25 年來之於 Nike 廣告的重要性，我深知這一刻對於緬懷過去與塑造未來的意義。儘管壓力沉重，但我同時也感到無比興奮，因為我即將站在講台上，準備提供一場鼓舞人心的小組對談。

然而，就在開場前幾秒鐘，菲爾告訴我，他並不看好我提出的問題。我可是花了好一番功夫啊！

我們展開這項活動的方式，是推出「做就對了：可能性」（Just Do It: Possibilities）的全新廣告。在廣告中，有許多由不同運動明星與名人演出的情境，觀眾將因為這些鏡頭而受到鼓舞。這部影片完全體現出「做就對了」（與 Nike 品牌）的精神。畢竟，「做就對了」的重點，不就是挑戰你自己的極限嗎？當然，對於新一代的觀眾而言，這部影片必須以既吸引人、又振奮人心的方式來述說幾十年前「做就對了」的故事。許多品牌後來會選擇更換口號與格言，以跟上時代的腳步，但是，三十幾年來，「做就對了」一直是 Nike 品牌賴以立足的基石。以此觀之，就和勾勾一樣，等同於 Nike。Nike 並沒有更換口號，而是持續不斷地投資，在維持基礎結構的情況下，對「做就對了」的故事進行更新。這句口號與勾勾具有代表性的意義，並不是像其他許多品牌的格言，在經過多年之後，成為簡單的短句，僅能引起老一輩的消費者的懷舊情懷。你的孩子對於「做就對了」的理解，就和你的祖父輩一樣，這才是重點所在。

這部影片博得如雷掌聲，接著，我對這三人提出一連串事先準備好的問題。儘管他們的回答既有深度也有廣度，但是，預定的時間還剩下一半。

幸好，我還準備了一部經過剪輯的影片，是關於一些

「做就對了」的代表性廣告。我必須比預定的時間提前展開此一環節，不過至少給了我喘息的時間，讓我有時間去思考最後總結的問題。在這部影片中，第一部廣告是傳奇性的「博知道」（Bo Knows），向全球介紹了交叉訓練的運動，同時也是第一部使用「做就對了」口號的廣告。這部廣告播放完後，菲爾表示，這是他心目中少數最棒的 Nike 廣告之一。我也深有同感。這支廣告是在我 18 歲時問世，我自此開始迷上肌力與體能訓練。相較於 Nike 在我年輕時的廣告，「博知道」在消費者與品牌之間建立了緊密（後來也證明是牢不可破）的情感連結。

接下來的廣告片段，是 1992 年的「現世報」，其特色在於有約翰・藍儂的歌曲，伴隨著普通與職業運動員（主要是參加奧運的麥可・詹森）進行日常訓練的鏡頭出現。這部廣告的成功，源自於其歌曲，在強而有力的鼓聲與合唱聲中──「我們都在發光」──與影像配合得天衣無縫。丹談起他是如何獲得藍儂的妻子小野洋子同意，允許 Nike 使用這首曲目。

這其實是丹的團隊第二次在 Nike 廣告中使用藍儂的歌曲。第一首是披頭四的《革命》（Revolution），用以搭配1987 年 Nike 的同名廣告。現在的讀者可能已不記得這部Nike 廣告當年曾造成小騷動（與一場法律戰），不過，在三十年後的今天，這場騷動看來有些莫名其妙。這是因為，

在《革命》之前，品牌只會使用知名曲目的翻唱版本，而不是原始曲目本身。Nike 打破了這個傳統（自此開展了直到今日仍方興未艾的趨勢），這也是「現世報」有點找人麻煩的意思。不過，當然，文化在這五年間已有所改變，「現世報」也馬上成為經典。

我回想起上述 Nike 的歷史時刻，這些廣告展示了 Nike 是如何利用影片來傳達品牌故事，此外，在我選擇運用這些影片來慶祝「做就對了」的八年後，依然反映了品牌的價值觀及特質。數十年來，人們對這些廣告仍記憶猶新，這是因為它們掀起觀眾的激情。「博知道」向所有的運動人士（不僅是職業運動員），介紹了一種全新的訓練方式，還推出了直到今日仍在使用的口號。「做就對了」經過多次改版，但核心依舊在於觀眾首次看到博·傑克森盡量從事各種運動的情況（必須承認，確實有趣）。在「現世報」中，我們看到過去（歌曲）與現在（運動員的鏡頭）的結合，這是音樂與運動的融合。現今，我們經常會融合這些元素，但是在那個年代，這是突破傳統的做法。對運動員而言（不論是業餘或職業），音樂向來是運動的好夥伴。Nike 的做法就是將兩者結合。

不過，這些只是幾個例子而已，藉以彰顯 Nike 品牌，以及透過不同的角度向新一代觀眾展現早已熟悉的畫面。簡單地說，我選擇用來慶祝「做就對了」口號的廣告，都通過

了時間的考驗。歷史已證明了其價值，但我還要解釋它們在 Nike 故事中的重要性，尤其是對於三十年來、已成為品牌一部分的口號。

在三巨頭對談的結尾，我提出最後一個問題：「對於 Nike 下一代說故事的人，你的忠告是什麼？」菲爾的回答引起最多的共鳴。他以高爾夫球作為比喻：說故事的人之於品牌，等於擁有一套球桿，而你要根據當時擊球的情況，選擇正確的球桿。「不同的情況有不同的擊球方式。」他說道。這些桿數造就了品牌。遊戲並沒有改變，目標也是同一個，但是，要如何達到目標，就看你選擇的途徑。就算我絞盡腦汁，也想不出還有更好的方式來闡釋品牌如何發聲、與觀眾連結。一如菲爾所說的，我們在對談的最後，還是需要說一些笑話來消耗時間，但我仍然受益良多。

品牌特質的鑲嵌藝術

你的品牌就是你的故事，也就是你選擇如何向世界展示你的產品、你的概念與你的服務。說故事的方法並非只有一種，因為你的品牌並不是只有一個概念或一種特質。就和許多好故事一樣，會有許多元素、次要情節與轉折。然而，和一則好故事不同的是，你的品牌故事沒有結尾；你會不斷講

述你的故事。每當向世界推出新東西，就是在講述你的品牌故事。Instagram 的貼文是在說故事；品牌網站是在說故事；行銷活動、電視廣告與社交媒體也是在說故事。

一個沒有誠心、熱情與目標的故事，就和做人一樣，不會是一個好品牌。我們可以將它比喻爲一個人。我們全都是個人，一個獨特的個體，元素齊備而完整。我們是一個整體。**你**就是你的品牌。然而，若是看得更加深入，就會發現每一個人都是個性、信念、力量，甚至矛盾的組合。要了解一個人，不能只知道他的某件事情，而是必須知道他全部的故事，或者至少是大部分的故事。他來自何方、是做什麼的、喜歡什麼、討厭什麼……他的思想與感覺、他如何看待這個世界。觀察你生活中最親近的人——你的另一半、你的孩子、你的父母、你的手足，或你最好的朋友，然後自問你是否能講述他們的故事。

至於 Nike 的故事，向來是始於運動員，這一直是 Nike 品牌最基本的元素。Nike 幾十年來是如何選擇講述運動員的故事，其實也屬於品牌的一部分，因爲它揭示了品牌的特質、價值與宗旨。雖然我不認爲這些元素在這些年來有所改變，不過的確有所擴張。我們改變的是 Nike 說故事的方式。就像任何一部好的小說一樣，有許多方式可以講述故事，故事也能有各式各樣的體裁：一則激勵人心的故事、一則有關偉大的故事、一則幽默的故事、一則不畏險阻與失敗的故

事。Nike 發掘了許多體裁與方法，而且還會繼續發掘。重點在於說故事的藝術不斷在變化，不停地移動，透過上百種方法來博取消費者的注意力。對於品牌而言，沒有對的方式，只有**最適合**的方式。

品牌可以憑藉許多媒介來建立特質，尤其是影片帶來的力量，通常是很有效的方式，能夠講述具有深刻意義的故事，以發自肺腑的聲音引起共鳴，激發你的品牌的受眾最深沉的情感。Nike 的長期創意夥伴威頓與甘耐迪公司，向來是這方面的頂尖高手，透過影片將觀點幻化成沉浸式敘事。有時，展現創新優點的最佳方式就是透過動作，尤其是與運動員表現相關的動作。不論是三十秒或六十秒的格式，影片能夠觸動我們所有的感官。現今，我們的指掌之間有各式各樣的串流服務，無庸置疑，我們是處於以影片來講述各種長短篇故事的黃金時代。這樣的趨勢能夠、也應該與品牌推廣相結合。雖然電視廣告在品牌推廣中的重要性與角色已有所改變，而且現在從事品牌推廣的平台與管道都在成長中，但是，關於如何透過影片述說偉大的品牌故事，許多核心原則並未改變。

不論你如何定義你的品牌、其特質是什麼，以及你選擇與世界分享的方式為何，所有好故事都有一個共通點：能夠觸動人們的想像力，引發情感上的反應。不管你的品牌屬於何種產業、有哪些產品與服務，如果你的創意產出無法激發

想像力與**情感**，你就錯失機會了。在接下來的例子中，我們將檢視如何透過說故事來達成這兩個目的；我們憑藉的不只是故事的內容，還有述說故事的方式、在哪裡述說，以及為什麼要說。

🎯 新職位與新攻勢

當我在 2010 年就任全球品牌創意部副總裁時，行銷世界正在經歷一場深刻的變革。我擔任的是全新的職位，是為了解決當下的幾個問題而創設的。本書第二章曾提到我要負責整合多個原本獨立作業的部門，而我的目標是予以整合，在這些團隊之間建立默契與共識，形成創意結盟。

然而，這次組織重組的另一個主要原因，是媒體環境產生劇變。當我接下新角色，思考我們該如何重組之時，正是社交媒體（破壞性地）興起之際，尤其是這些新平台帶來與消費者直接接觸的新方法。要在這些平台上與消費者接觸，我們首先必須在各個團隊之間建立共識，達成一致的立場，才能賦予隨後出現的故事獨特性與意義，具有更加一致的外觀與感覺。這個不斷變化的多媒體環境，從一開始就需要團隊的合作。

我既然被推上這個位置，就必須想出辦法來。我在上任

的頭一天（真的是頭一天），與整合後的新團隊，一起評估預計在 2010 年美國高爾夫名人賽前夕播出的、老虎伍茲最新的概念性廣告。廣告的概念設計十分簡單：影片是黑白的，老虎伍茲直視攝影機，背景傳來他已故的父親厄爾（Earl）的聲音。厄爾對老虎伍茲談到責任的問題，然後問道：「你學到什麼了嗎？」這是老虎伍茲自絕於高爾夫球界一年，在該年最重要的比賽前夕決定復出後，首支以他為品牌的廣告。這支廣告在媒體界與球迷之間引起兩極化的反應。我沒想到，上任的第一天就這麼刺激，不過對我與團隊而言，這支廣告也凸顯出無論運動員盛衰浮沉，Nike 都會給予支持。

先聆聽，再領導

2010 年，勒布朗・詹姆斯決定離開克里夫蘭騎士隊，來到邁阿密熱火隊，加入克里斯・波許（Chris Bosh）與德韋恩・韋德（Dwyane Wade）的陣營。這樁後來被稱為「決定」（The Decision）的事件，是首創在電視上實況轉播，其獨特巧思受到許多人推崇，但也招來批評聲浪。不久之後，我們與勒布朗在 Nike 比弗頓園區開會，討論他的品牌故事在該球季的方向。勒布朗帶領他備受信任的團隊來到現場，

成員包括馬維里克‧卡特（Maverick Carter）、瑞奇‧保羅（Rich Paul）與蘭迪‧米姆斯（Randy Mims），他們與他形影不離，直到今日仍是如此。那天，室內高張的氣氛，在在凸顯這一刻的重要性。我們開始分享這個球季的創意與方向，我表示要把目前的全民話題調整回籃球身上。我們的概念是，凸顯勒布朗在球場上超凡入勝的才華與體能，以及我們這些熱愛籃球的人是如何受到他的鼓舞。我和我的團隊認為最好是製作一部影片，專注於勒布朗對籃球的熱愛及其千載難逢的球技，少談「決定」造成的爭議與雜音。透過聚焦於勒布朗在場上的精彩表現，可以將全民話題由「決定」移轉回籃球本身。

然而，勒布朗卻是另有主意。他堅決反對我們的概念。每個人都板著臉。他接著表示，他要以強而有力的姿態來回應對他的批評（而不是逃避）。他環視我們，提醒我們，打籃球是**他**的本分，現在則是我們盡**我們**本分的時候了。他斬釘截鐵的語氣令我們面面相覷。菲爾‧奈特從不缺席與勒布朗的年度會議，他代表屋內所有人表態，如果這是勒布朗想要的，那麼也是 Nike 所要做的。菲爾的意思很清楚：我們不會逃避任何事，我們會直接面對大眾對勒布朗的批評。我們會為運動員發聲，而菲爾提醒我們，這就是 Nike 品牌的核心，這是**我們的本分**。

我想勒布朗也很明白這一點。他並沒有要我們去做任何

超出我們本分的事情，但是，也很少有運動員會像他這樣，如此清楚地說出他對我與團隊的要求。大部分的運動員都是仰賴我們的專業經驗，不過，勒布朗就是勒布朗，他已準備反擊。我們收到了這個訊息。

我們所面對的挑戰，是要找出最有效的方法來講述勒布朗的故事，前提是必須對他本人與 Nike 保持真誠。我很希望我能說我們第一次嘗試就找到解決方案，但是，即使強大如 Nike 和威頓與甘耐迪公司的創意團隊，我們往往也不是一擊中的。這是你必須經歷的創意過程。

不過，我們有威頓與甘耐迪公司專屬 Nike 的創意總監——萊恩‧歐洛克與阿爾貝托‧龐特。他們是一對合作無間的拍檔，相互取長補短，在必要時也絕不怕挑戰對方（或任何人）。他們與 Nike 的合作優勢在於總能啟發周遭的人的創意，包括他們自己在內。萊恩喜愛運動，總能從中發掘樂趣與幽默。阿爾貝托則是洞悉人性，與他廣闊的國際視野相得益彰，總能為他的工作增加深度。勒布朗的要求是一項高難度的工作，除了他們，我不作第二人想。

這對創意搭檔最初的概念，是諷刺球迷最痛恨的勒布朗形象，讓他做出球迷指責他在幕後會做出的所有骯髒動作。影片的風格與語調都帶有明顯的諷刺意味，以凸顯這些攻擊行為的荒謬和愚蠢。不過，大家的看法是這個概念並非「回應」，只是在嘲諷與取笑球迷的攻擊，以幽默和挖苦來貶低

整起事件的意義。另一個概念，則是讓勒布朗自動要求更多的恨意，以此來暗示這就是他的動力來源及競爭優勢。我認為這樣的概念也許適合某些運動員，即那些所謂「惡棍」的角色，但是並不適合勒布朗。

揚棄某些概念，往往有助於聚焦重點，即使只是發現某個元素毫無作用，也是有意義的。在這個案例中，我們的突破是來自我們終於了解自己一再刻意迴避的事情──「決定」本身才是我們需要強調的。

🎯 我該怎麼辦？

先前所有的概念都在避重就輕，儘量避免直接面對「決定」。所以，也許這就是關鍵？我們正在尋找的解答，或許就是讓勒布朗坐在椅子上，讓他自己回應這些批評。我們首先要確定勒布朗能夠接受這個想法；他表示他可以。於是我們就開始了，構思並討論以「決定」為廣告中心的概念。

這就是萊恩、阿爾貝托及其創意團隊最終產生這支廣告「我該怎麼辦？」（What Should I Do?）的經過。影片一開始，勒布朗出現在鏡頭前，坐在「決定」椅上，身上是宣布「決定」時當天所穿的襯衫，這個場景讓觀眾立刻聯想到他是要對整起事件做出回應。但是，難道這就是他對攻擊聲浪

的回應嗎？觀眾在片刻之間仍難以確定。勒布朗低著頭。他要道歉嗎？接著，勒布朗說話了：

「我該怎麼辦？」

「我該承認我錯了嗎？」

「我該提醒你們，我以前就曾經這麼做過嗎？」

這些話語讓觀眾明白了。不是，勒布朗不是在道歉。「我該成為你們期望的那樣子嗎？」他直視鏡頭。這就是了，勒布朗對任何人、任何事都沒有虧欠。

這部「我該怎麼辦？」也不失幽默。幽默向來是勒布朗與球迷溝通的一部分。他很懂得自嘲，這也使得他更易於親近。在艱困時期，幽默向來是好東西。影片中，有一個場景是勒布朗問道：「我該去除我的刺青嗎？」下一個鏡頭是他坐在椅子上，一名刺青師正埋頭除去他的「天選之子」（Chosen 1）刺青（這是引用《運動畫刊》某期封面故事為他取的稱號[7]）。另一個鏡頭是勒布朗戴著牛仔帽問道：「我該接受自己是一個惡棍嗎？」這些幽默的鏡頭，還包括他在影集《邁阿密風雲》（*Miami Vice*）中與唐・強生（Don Johnson）的場景，他提出一些較嚴肅的問題，例如：「我不該再聽信朋友嗎？」他停頓了一下。「他們都是我的朋友。」

不論荒誕或嚴肅，這部影片都顯示出那些批評十分低劣、自認高人一等。諷刺的是，這部影片並沒有強調運動或勒布朗的超凡體能（除了少數幾個鏡頭之外），而是著重於

這些批判與指責其實都跟運動無關。這部影片一步步地化解這些批評，指出它們不著邊際、繁瑣又自以為是。影片也凸顯出這些批評者其實口是心非，勒布朗問道：「我該從此消失嗎？」我們幾乎馬上就可以聽到這些批評勒布朗的人、這批生計全靠這位球員的人高喊：「不要、不要、不要！」

總結而言，這部「我該怎麼辦？」是勒布朗要求我們幫他所做的回應。歐洛克後來對我說：「最後，我們的困惑反而成為我們概念的核心。『我們該怎麼辦？』變成了『我該怎麼辦？』。」這部廣告的結尾是勒布朗騰空躍起，飛向籃框的慢鏡頭，同時又問了一遍：「我該成為你們期望的那樣子嗎？」

這部影片在網路上爆紅，有如病毒一般快速擴散。所有主流的運動媒體都把這部廣告視為新聞事件來處理，廣告中提到的多個對象，也發言表示反對這部影片（甚至連動畫《南方四賤客》都複製了這部廣告）。這部影片不一定能停止批評與指責之聲，但它也無意如此。這是勒布朗的回應，也是我們對勒布朗的回應。給我支持，幫助我**反擊**，放大我的聲音！我們做到了。

🎯 擴大優勢

我很少見過有人像柯比‧布萊恩這樣，將偉大延伸到生

活的方方面面。柯比是史上最偉大的籃球員之一，對於大部分人來說，光是這一份榮耀就足夠了。然而，對我來說，以及這些年來與他在球場外共事的數百位人員來說，他是好奇心、想像力與創造力的典範。任何人只要進入柯比的軌道，便會感受到他執著於追求偉大的決心與毅力。

在球場上，柯比以黑曼巴的個性著稱，他是硬木地板上殘酷的競爭者，以令人心寒的三分球與密不透風的防守，粉碎敵隊及其球迷的美夢。我其實早該知道這點，因為在2000年西區冠軍賽的第七場，柯比擊垮我的波特蘭拓荒者隊。（直到今天，我想到還是心痛不已。）誠然，柯比是一位完美的競爭者，一位自律甚嚴、不顧一切爭取勝利、達到頂峰的運動員。畢竟，是柯比為自己取了黑曼巴的綽號！

不僅如此，柯比還以這條極其致命的非洲毒蛇，創造出自己的性格與處世之道。與他共事多年的 Nike 及廣告代理商創意團隊尤其了解這一點，他總是以第三人稱來稱呼黑曼巴。他會以這樣的聲明，展示他另一個自我的思維：「黑曼巴沒有朋友，只有隊友。」或是「黑曼巴從不聽音樂，因為會使他分心。」他會強調他的競爭心，表示即使是最微不足道的地方，他也不會讓對手贏，因為他不想對任何對手有惻隱之心，這樣有損他的事業。

與柯比深入交談，會發現這種強烈的目的性，成為他一而再、再而三地強調的關鍵主題之一，他也提出建議：「不

要有 B 計畫。如果你有 B 計畫，你就會退縮。」他在當下投入一切的個性，正是 NBA 的球迷（不論是支持或反對柯比）所希望看到的。重點是，我們的創意團隊從他那裡獲得無價的觀點與洞見，形成創意動能，造就了 Nike 當代最受歡迎的代表性行銷計畫之一。

大部分球迷不知道的是，除了黑曼巴的性格特質之外，柯比也有自嘲的本領。他會假裝對自己強烈的目的性視而不見，這也能部分解釋為什麼他是我所遇過最好的合作夥伴之一。他的自我認知，讓他能夠深度參與我們的創意工作，形塑以他為中心的故事。於是，概念開始成形，柯比也參與其中：如果我們利用這樣的執著，發揮到極致，從中得到樂趣，會怎麼樣？如果我們以很少人見過的面向來詮釋，又會怎麼樣？

有了這個想法，加上我們絞盡腦汁所得出的見解與事實，Nike 在 2012 年 1 月推出了「柯比體系：成功者的成功之路」（Kobe System: Success for the Successful）活動，同時也推出了柯比革命性的全新簽名鞋款——柯比 9（Kobe IX）。此一系列影片中的概念是，柯比是個自立自強的大師，他的執著往往使觀眾感到困惑，而不是有所激勵。「成功者的成功之路」不斷重複一個幽默的概念，也就是某些演講者聽起來往往令人印象深刻，其實卻言不及義。不過，儘管如此，柯比的「研討會」來的卻是一些相當成功的人士，

也就是那些最不需要聆聽柯比教誨的人——小威廉絲、傑瑞‧賴斯、演員阿茲‧安薩里（Aziz Ansari），當然，還有勵志演說家托尼‧羅賓斯（Tony Robbins）。在其中一部影片，理查‧布蘭森爵士（Sir Richard Branson）對著講台上的柯比，談起他最近達到的成就：

布蘭森：「我最近潛入了海底。」

柯比：「我也是。」

布蘭森：「還去了外太空。」

柯比：「我也是。」

布蘭森：「我覺得自己已在成功者的成功之路上。」

柯比：「不客氣。」

（鼓掌聲）

影片中的最後一句「不客氣」（You're welcome）已成為某種文化時刻。Nike 具有一種傳統，即透過品牌推廣，將一些口頭禪轉化成流行文化。首先是「永遠沒有終點」（There is no finish line），然後是「做就對了」，還有馬爾斯‧布拉克蒙（Mars Blackmon）的「一定是鞋子的關係」（Got to be the shoes）。現在，拜柯比之賜，我們又多了一個「不客氣」。

「柯比體系」為柯比帶來了完全不同於以往的面向，一個玩弄與自嘲他的競爭心及第二自我「黑曼巴」的面向。由

於某些影片中甚至沒有提到籃球，有人可能會因此質疑，「柯比體系」怎麼能提升 Nike 的品牌形象。有的人甚至更為直接，不明白這與 Nike 的品牌有何關係。首先，此系列凸顯了柯比本人不同的個性。在這個活動之前，大家看到的柯比，大都是在球場上的柯比，也就是黑曼巴，一位競爭精神可與喬丹媲美的強大競爭者。但是，透過此活動，觀眾可以看到柯比其他的面向，最明顯的就是他幽默的一面。是的，他能在球場上擊垮你，但同時也可以從他的執著中看見幽默的一面，展示他的喜劇時機。該系列也有一些影片是真正有所助益的，例如，由柯比傳授他價值連城的籃球技巧。換句話說，柯比想要與別人分享他的才華與對籃球的熱愛，尤其是年輕的一代。因此，儘管他在球場上是黑曼巴，另一方面，他也擁有強烈的好奇心與創意十足的合作精神。

透過這些方式，該活動拓展了柯比品牌的特質，使其個性能夠更完整地呈現在大家眼前。同樣地，Nike 也藉由展示一位近乎超人的運動明星，其平易近人與人性化的一面，來擴張品牌的特質。運動行銷往往太過偶像化，將運動員轉變成高不可攀的大理石雕像，因此也喪失了展示這位偶像的人性面的機會；進一步來說，也就錯失了與消費者之間的情感連結，這些消費者正是像你我一樣的一般人，想要更加認識喜愛的運動明星。我們不是要崇拜他們，而是想要從他們身上獲得啟發。大理石雕像做不到這一點，但人類可以。

🎯 在大師課程之前

在品牌聲音上，柯比體系也有特殊之處，因爲它具有一套革命性的媒體與內容發布策略。Nike 品牌傳播總監恩里科·巴萊里，以及威頓與甘耐迪公司的傳播企劃總監丹·舍尼亞克（Dan Sheniak）發展出一套策略，創造了一個短格式內容的完整世界。在主打的廣告中，那些在台下的觀眾，即那些成功人士（小威廉絲、傑瑞·賴斯等人），各自都有與柯比共同出鏡的三十秒短影片。此外，柯比體系不僅具備娛樂性，也具有提升籃球知識與技巧的內容。其概念是創造一套內容體系，以反映柯比球鞋設計的系統。我們錄製了供每天播放的相關課程，就像大師課程一樣，由 ESPN 的世界體育中心頻道負責播放。在影片中，柯比都是親自上陣，現身說法。每一部影片課程都有非常實用的籃球知識與技巧，透過線上教學，使觀眾產生更爲深刻的體驗，有助提升籃球水準。我們也設立了團隊，球季期間每天在推特上發布數位互動內容，以確保該體系的運作。活動結束後，孩子們仍能繼續創造他們自己的內容，然後宣稱：「我在柯比體系裡。」

透過像 YouTube 這樣的平台，我們得以搶先業界，進行品牌內容的串流——所接觸到的消費者，更是電視廣告難以匹敵的。（YouTube 也是在那時候開始修正其有關品牌的服務條件。）作爲電視廣告，「柯比體系」很有可能會大獲成

功，雖然其規模可能會大幅縮減。但是，最後讓這項活動脫穎而出的（當時與現在都是如此），是 Nike 善加利用新內容平台所帶來的成長機會。因此，我們得以接觸我們起先可能會錯過的消費者（大部分都是年輕人），在全新的數位領域擴張我們的品牌聲音。

◎ 活出你的偉大

　　Nike 經常會利用其聲音來爭取運動世界的新觀眾。我們不時會表示，運動是屬於每一個人的，並非特定的少數人。在 Nike 的歷史中，便有數十個例子，都努力突破了運動員的傳統定義，但其中最有效、最具意義的，就屬 2012 年的「活出你的偉大」（Find Your Greatness）活動。

　　奧運向來是 Nike 向新觀眾（主要是年輕人）推出品牌故事，或對品牌重新定義的工具。2012 年倫敦奧運就是這樣的時機，當時，我和團隊專注於一則 Nike 品牌使命宣言的詮釋：「如果你有身體，你就是運動員。」畢竟，奧運的意義不就是頌揚人類的運動能力嗎？這是全人類齊聚一堂，熱烈慶祝我們熱愛運動的場合。雖然奧運是表揚全人類中最棒的運動員，但我們也要藉此機會彰顯 Nike 的核心宗旨之一。更重要的是，我們也看到為全人類**重新定義「偉大」**的

機會。「偉大」一詞是相對性的用語，人們是因為各自不同的條件而成為偉大的運動員，就像人們都是獨特的個體一樣。在這個概念下，「活出你的偉大」活動就此誕生，這也是 Nike 當時最昂貴的全球行銷活動。

◎ 倫敦無處不在

在我們的策劃期間，威頓與甘耐迪公司的阿爾貝托·龐特告訴我們，全球至少有 29 座城市叫做倫敦。這個知識只是一件平庸的瑣事，但對我們來說卻是開啟整個活動的關鍵所在。如果全球最偉大的運動員都在英國倫敦進行比賽，那麼，在其他各國的倫敦的運動員又在做什麼？他們應該也是以自己的方式追求偉大，此一觀點成為我們企劃活動的創意來源，其核心概念即是每一個地方、每一個人都有偉大之處。

這部廣告的開頭，是美國俄亥俄州倫敦小鎮的水塔，然後以快速剪接的方式，展現各種年齡層的運動員正在從事不同的運動，分別是在牙買加的倫敦、印度的倫敦、奈及利亞的倫敦，以及其他各國的倫敦。影片的旁白是演員湯姆·哈迪（Tom Hardy）的聲音。

他說道：「這裡沒有盛大的慶祝。沒有演說，也沒有耀眼的燈光。但是，這裡有偉大的運動員。不知出於什麼原

因，我們總是相信偉大是保留給少數的天選之人，是給超級巨星的。然而，事實是，我們全都有偉大之處。這並非降低期望，而是提高對我們所有人的期望。因為偉大不是專屬某個特定的地方或某位特定的人。偉大無所不在，就靠你努力追求。」

影片的結尾是該活動的標準字：「活出你的偉大」，同時出現一位小男孩站在奧運跳水台上的鏡頭。小男孩搔搔頭，兩手搖晃，顯然是在猶豫是否該跳下去。跳台很高。接著，他一躍而下。

試想你第一次高台跳水的情形。假如你是普通小孩，一看到台下的情況，可能就會打退堂鼓，轉身爬下階梯。如果你不想，沒有人會強迫你跳水。影片中的男孩不是被強迫的，他是鼓起勇氣，奮力跳下。即使不確定接下來會發生什麼事，他仍一躍而下，因為他受到某種激勵，知道這一跳對他意義非凡。他知道，當他浮出水面，一切都會不一樣。這一跳並非結局，而是成就偉大的開始。

慢跑者

鄉間小路、發出嗡嗡聲的蒼蠅、夏天、炎熱、潮濕。不知是清晨還是黃昏。遠方出現一位孤獨的慢跑者。隨著慢跑

者逐漸接近攝影機，響起了哈迪的聲音：

「偉大——只是我們編造出來的。不知爲何，我們開始相信偉大是一種天賦，是給天選之子、天才與超級巨星的。我們其他人只能在一旁欣賞。你最好不要這麼想。偉大不是某種稀有的 DNA 鏈，它並非特別珍貴的東西。偉大其實不比我們的呼吸了不起。我們都能做到。我們所有人。」

接著，在慢跑者的最後幾個鏡頭上，出現那句敦促大家開始行動的口號：「活出你的偉大」。觀眾在影片中途，就可以看出這位慢跑者是一位體重過重的 12 歲男孩。也許我有一些偏見，不過「慢跑者」是一則絕佳的故事，完美詮釋了「活出你的偉大」活動的重點（重新定義偉大），同時也拓展了 Nike 的品牌特質。

這位慢跑者——內森·索雷（Nathan Sorrell），當然是關鍵所在。我們選擇用何種方式描繪他，是非常重要的，因爲我們必須在激發深刻的情感與被人指責麻木不仁之間取得平衡。在這部影片的執行過程中，從服裝、藝術指導、地點到音樂設計，都有許多細微與精妙的創意。如同前一章所言，在品牌識別元素中，最後 10% 的創意往往是關鍵所在，將決定你所傳達的訊息是否正確。

值得一提的是，在這部影片發布八個月後，內森獲邀參加電視節目《今日秀》（Today）。他談起他是如何受到這部影片的鼓舞，減下約 14.5 公斤的體重。他回想這一切，對

主持人說道：「我還是不敢相信那個人是我，跟現在的我簡直判若兩人。」

的確，這就是偉大。

🎯 品牌的邀請

「活出你的偉大」包含許多意義，最重要的在於，它是一張邀請函，是針對被認為是非運動員與非運動迷的人，而不是超級明星。要將運動明星打造成鼓舞人心的偶像，我們需要做許多努力。然而，Nike 的廣告卻是帶領觀眾到全球各地的倫敦，其中沒有任何一位超級明星。觀眾會看到人們玩耍，騎自行車，打橄欖球或棒球。你還記得你小時候只顧著玩耍的時光嗎？

品牌必須不斷尋找具創意的方式，邀請更多人進入品牌的世界。這需要掌握文化的脈動，洞悉潮流與風格，以及形塑這一切的藝術家。然後，就是最困難的部分：找到這些文化與運動的交會點，對那些不一定對你品牌懷抱熱情的人敞開大門。當然，在某些情況下，此一方法可以逆向實施，即是將過去帶入現代，讓世代結合。試圖領先文化，往往有助於吸引年輕的消費族群。探索過去、善用懷舊的情緒，有助吸引老一輩的人。將兩者串聯，你可以拉近世代間的距離。

Nike 使用上述這兩種方法時，音樂是其中一種途徑。Nike 的廣告（和威頓與甘耐迪公司合作）向來是以**影像與音樂**來述說故事；我們會使用配合當代環境的經典歌曲，交由最火紅的 DJ 重新混音，或是聘請即將爆紅的音樂家。2002 年的世界盃廣告，是一批全球最棒的足球員展開祕密比賽，背景音樂則是貓王（Elvis Presley）的《盡在不言中》（A Little Less Conversation），經過荷蘭 DJ JXL 重新混音。還有麥可‧曼恩（Michael Mann）執導的 2007 年 Nike 廣告「毫無保留」（Leave Nothing），影片中，國家美式足球聯盟的球員肖恩‧梅里曼（Shawne Merriman）與史蒂文‧傑克森（Steven Jackson）於攻防之間衝鋒陷陣，伴隨的是電影《大地英豪》（*The Last of the Mohicans*）的主題曲《海岬》（Promontory）。最後一個重要的例子，是我們邀請音樂家安德烈 3000（Andre 3000）為披頭四的《大家一起來》（All Together Now）重新混音，作為 NBA 季後賽廣告片的背景音樂，該影片的內容是柯比‧布萊恩在追求湖人隊奪冠過程中的各種精彩得分鏡頭。

這些廣告之所以能觸動人心，原因在於，也許比起其他任何一種創意媒介，音樂最能鼓舞我們，讓我們長記心頭，促進我們團結。

🎯 時機就是一切

2015 年，芝加哥小熊隊的進度已超前。我是指，這支球隊已放眼世界大賽。然而，曾率領波士頓紅襪隊在世界大賽奪冠的小熊隊總裁西奧・艾普斯坦（Theo Epstein），原本是計劃帶領這支球隊在 2017 或 2018 年打進世界大賽。不過，小熊隊在 2015 年正規球季便拿到棒球史上第三高的成績，爭取到季後賽的外卡資格。他們接著在外卡賽中擊敗匹茲堡海盜隊，進入分區系列賽，與聖路易紅雀隊對壘，最後，他們以贏三場輸一場獲勝。現在，小熊隊突然發現自己已置身於國家聯盟冠軍賽，這是該支球隊 2003 年以來首次突破重圍，此外，自 1945 年以來，該球隊就未贏過國家聯盟冠軍。小熊隊如今只差四場勝利，就可以進入世界大賽了。

Nike 絕對不會錯失這個真正可說是千載難逢的時刻。小熊隊若贏得世界大賽，就會是他們自 1908 年來首次奪冠，也會是運動史上最偉大的事件之一。於是，我們立刻展開行動，編寫故事，紀念這個幾可成真的可能性（但只是可能性而已）。這個廣告其實相當簡單，一位身著小熊隊球衣的青少年，一邊喃喃自語，一邊走上某個社區球場的投手丘，在外野可以看到芝加哥的天際線。影片響起威利・納爾遜（Willie Nelson）的聲音，唱著《時間流逝得可真快》（Funny How Time Slips Away）。男孩正在做一件不可能的事情：他自

己一個人在打棒球。他先是投球給隱形打者。他敲出一記全壘打，球飛越柵欄。他企圖盜上三壘……在隱形投手要牽制他之前。他打出一記左外野的高飛球，我們聽到哈瑞・凱瑞（Harry Carey）吼叫：「又高又遠！可能會飛出去……小熊隊贏了！小熊隊贏了！」男孩在本壘板上雀躍歡呼，一行文字出現在螢幕上：「再見，有朝一日。」（Goodbye someday.）

然而，不是那一天……也並非那一季。紐約大都會隊連勝四場，橫掃小熊隊，我們也只好暫時擱置這部廣告。甚至可能永遠擱置。我的意思是，沒有人想到小熊隊最後會贏得世界大賽。好在他們後來辦到了，在第二年的時候。在世界大賽史上最精彩的第七場系列賽之一，小熊隊擊敗克里夫蘭印地安人隊 *，睽違了 108 年，再度將冠軍獎盃帶回芝加哥。這一回，我們已準備好要說的故事了（儘管比原先計畫晚了一年）。

和「活出你的偉大」一樣，「有朝一日」（Someday）也沒有頌揚超級明星，而是對長期以來失望痛苦的小熊隊球迷表達敬意。不過，更重要的是，這部影片直擊美國人心中對棒球的眷戀：許多人心中仍有著那位男孩，身穿心愛球隊的制服，夢想這支球隊有朝一日會全勝而歸。

---

* 編注：克里夫蘭印地安人隊（Cleveland Indians）於 2021 年更名為克里夫蘭守護者隊（Cleveland Guardians）。

當一個品牌發出聲音時，重點在於這個聲音會說什麼與如何說。「有朝一日」是時機恰到好處的極端案例，不過，我要藉此強調一個更大的重點：良好的時機來自**準備**。「有朝一日」與「我該怎麼辦？」的企劃案，都是我們對於不可控範圍內的事件的反應。這與「柯比體系」的挑戰完全不同，後者是純粹的創意，出自與柯比的交談，以及我們對品牌的期望。但是，當你針對一起事件做出反應，你最大的挑戰在於要如何反應。你的反應對你的品牌、價值觀、遠景與組織的方向，有何意義？該事件與你品牌特質的相交之處在哪裡？最後，這起事件的真正意義是什麼？我們其實大可製作一部慶祝小熊隊的廣告，也許放一些小熊隊的歷史鏡頭，還有一些進入名人堂的元老照片。但我們沒這麼做，反之，我們是慶祝我們心中那位沒有被「詛咒」或多年來的失望所擊倒的男孩。這位男孩代表的是 108 年來、所有從未對小熊隊放棄希望的孩子們。

還有另一方面的準備工作，這種準備並非只是直接的反應。我指的準備，是組織內部需要一套機制。當事件發生或時機出現時，你是否有一套機制與架構來應對變化，同時製作感人的故事來回應事件，並拓展你品牌的特質？我在第二章提到 Nike 的組織重組，目的就是為了能夠回應與預測像小熊隊贏得世界大賽冠軍的這類事件。這是比快速反應還要艱難得多的挑戰。這項挑戰與組織內部架構有關：組織需要

培養能力，發現即將到來的時機，將其重要性提升至所有優先事項之上，並時時自問「假如……」。這就是你**贏得先機**的方式，而不是只會守株待兔。

🎯 勇於被記住

我們這些品牌故事的講述人，究竟是在做什麼工作？難道我們只希望製造片刻回憶？難道我們只是想推銷產品與服務？我在本章以「勇於被記住」作爲標題，是因爲值得講述的故事沒有一則應被遺忘。我們要以一次一則故事的方式，爲品牌注入生命。我們要這些故事面面俱到。我們要它們有趣幽默。我們要它們更深刻地揭示我們與我們所在的世界。我們要它們連結我們的觀眾，並激發出**某種情感**。簡單來說，我們要它們成爲被人記住的故事。我們的工作不應停止，反之，我們應該一而再、再而三地重複我們的品牌故事。就像年輕一代也可能發現經典小說一樣，這些經典小說永遠不會消失，只要有人看見，就會有人讀。因此，我們必須努力不懈地運用故事建立品牌，即使在你離開之後，這些故事依然能繼續與觀眾產生連結。

「勇於被記住」的原則

1. 揭露你的靈魂

揭開簾幕，清楚顯露你的品牌的價值。讓觀眾看到你的性格，他們會對其做出回應。

2. 擴大你的優勢

你的品牌絕對不應固定不動。品牌應該要混合不斷變化的特質、信念與熱情。藉由傳達你不同的特質，你的共鳴性會成為邀請函，邀請消費者進入你的品牌世界。

3. 先聆聽，再領導

你擁有許多方式來表達自己。在此之前，聆聽你的客戶、認識他們所處的環境、了解他們的使命，掌握他們圓夢所需面對的挑戰。

4. 讓人們有所感

當我們不再擔心別人對我們的看法，轉而關注如何

讓他們對自己產生正面感受，並激發他們實現對偉
大的追求時，我們就能發揮自己最佳的狀態。

5. 接受挑戰

為你的創意奮戰，但也要持續接納不同的觀點。當
你在創造能夠被人記住的故事時，必須接受嚴格的
批評與檢驗。

6. 掌握先機

別等到事情發生的那一刻才行動。先為最好的結果
進行策劃。預先創造故事，在最重要的時刻到來
時，你已準備就緒。

EMOTION
by
DESIGN

第六章

别追求酷炫

如果是經典，便會永垂不朽

我已到過你未曾去過的每個地方，而且過得比以往更好

——《經典（過得比以往更好）》

（Classic (Better Than I've Ever Been)）

　　這首歌第一次、也是唯一一次現場演唱，是在 2006 年 12 月的紐約市戈坦廳（Gotham Hall）。著名饒舌歌手 Rakim、肯伊・威斯特（Kanye West）、納斯（Nas）與 KRS-One 在戈坦廳的小舞台上，向 Nike 特邀的五百位嘉賓獻唱這首歌。這幾位饒舌歌手，其中任何一位所能吸引的觀眾，都可以塞滿比戈坦廳大五倍的場地，然而，他們現在卻是齊聚一堂，慶祝某一項 Nike 的代表性作品。這座有著圓頂天花板的橢圓形大廳，過去曾是銀行，如今成為了舞台暨展示間。

　　賓客們經由一座巨大的白色鞋盒，循著燈火通明的走廊走進現場。走廊的牆上排列了 1,700 種鞋款，引領賓客來到橢圓形大廳。雖說這場活動是不對外開放的，但有音樂電視網（MTV）隨時準備錄下這些傳奇歌手的表演，他們也將單獨演唱自己的作品，並在幾週後公開播放。讓這些歌手齊聚一堂，可謂空前絕後，而觀眾也知道這不容易。在一個地方同時展出這麼多款的運動鞋，同樣也是空前絕後，而觀眾

一定也都了解這點。這就是這個活動的重點所在，我們稱之為「唯有此夜」（1NightOnly）。此時此刻，我們在這裡歡聚，從派翠克‧尤因、拉席德‧華勒斯（Rasheed Wallace）到史派克‧李，都是爲了慶祝我們熱愛、推崇與信任的一樣東西——一項功能與風格的巔峰之作。

　　爲了一個鞋款如此大費周張，感覺有些瘋狂，但這就是「空軍一號」具備的力量，它是有史以來最重要的運動鞋。

🎯 創造一個代表性的標誌

　　我當時是 Nike 品牌設計總監，我混在賓客之間，既是公司的代表，也是「空軍一號」的長期熱愛者。和 1980 年代的許多青少年一樣，我與勾勾的關係，一路伴隨著我的籃球夢。1984 年，我是高中新生籃球隊的一員，我體能不錯，但是跳投在平均水準之下。然而，我非但沒有勤練比賽的技巧，反而一心想模仿我在電視上所看到的超級明星的動作，尤其是摩西‧馬龍（Moses Malone），他當時是費城 76 人隊的中鋒。在前一年，也就是 1983 年，馬龍帶領 76 人隊贏得 NBA 總冠軍。他在那個球季穿的是什麼球鞋？紅白相間的「空軍一號」。

　　當然，我必須要有一雙這樣的球鞋。父母買了幾雙二手

的「空軍一號」給我，我立刻就愛上它們了。每當我穿上它們，重複繫上與拉緊鞋帶的儀式，一股自信與信念就會油然升起，覺得自己能飄浮在空中。儘管僅是痴心妄想，我的籃球夢也不斷茁壯。但是，我很快就了解，即使是「空軍一號」也無法改善我的跳投命中率。雖然如此，我仍熱愛這款球鞋，它是一個開端，讓我與品牌之間建立起情感聯繫。

而且，我也不是唯一的一個，絕對不是。

Nike 在 1982 年首次推出「空軍一號」，當時，Nike 是以慢跑鞋而聞名，而慢跑鞋的設計與籃球鞋截然不同。當布魯斯‧基戈爾（Bruce Kilgore）開始設計「空軍一號」時，他參考的不是慢跑鞋，而是從 Nike 的登山靴尋找靈感。他解釋，登山靴必須具有彈性，能夠支撐多種動作，反觀慢跑鞋只是針對一種動作——從腳後跟到腳趾——而設計的。籃球員在場上的動作，尤其是以一腳為軸轉身的動作，需要一雙能夠提供支撐、舒適度與多功能的球鞋。在設計的過程中，布魯斯總是強調「功能設計」，意指「空軍一號」是**專為**籃球員設計的，而且是**專供**籃球員使用的。球員同不同意是另一回事，反正「空軍一號」打從一開始就表明了自己的專業用途。布魯斯為「空軍一號」設計了多項針對籃球的創新功能，包括鞋底的圓形圖案，讓球員能夠隨意轉身不致滑倒。而我在青少年時印象最深刻的創新功能，當然就是腳跟部分的氣墊了。「空軍一號」在首則標語中，就是強調此一

創新功能：「從本季開始，空氣將按盒子出售。」這則標語的海報是一個白色的「空軍一號」鞋盒，鞋盒上有一顆籃球，傳達出奇妙與神祕的感覺，同時也表明了目的。

不過，常言道：用了才知道。「空軍一號」並非 Nike 的第一款籃球鞋（1972 年曾推出 Blazer 籃球鞋），但是，Nike 當時在籃球市場的影響力並不大。1982 年的 NBA 球季開打時，Nike 覺得市場會擴大，便挑選了六位 NBA 球員來代言這雙球鞋—— 76 人隊的摩西・馬龍與鮑比・瓊斯（Bobby Jones）、湖人隊的麥可・庫柏（Michael Cooper）與賈邁爾・威爾克斯（Jamaal Wilkes），以及拓荒者隊的卡爾文・奈特（Calvin Natt）與麥可・湯普森（Mychal Thompson）。他們後來被稱為「最初的六人」（Original Six），拜 Nike 為「空軍一號」所做的唯一行銷作品所賜而名垂不朽，那是一幅海報，他們六位身著白色飛行服，站在停機坪上，背景是一片紅霞和一架飛機，下方則是「空軍一號」幾個大字。這幅海報大受歡迎，六位球員也因此成為標誌性人物，幾十年後，日本玩具公司邁地康（Medicom）還為每位球員製作了可動式的公仔。

這幅海報肯定提升了「空軍一號」的形象，但是，沒有什麼比得上這六位球員在場上的形象，尤其是馬龍，他在第二年就帶領 76 人隊一路過關斬將，拿到冠軍。按照一般的行銷策略，到了這個階段，就應該製作與馬龍有關的廣告，

讓剛剛才拿到冠軍獎盃的馬龍展示「空軍一號」，但是，Nike 沒有這麼做。事實上，Nike 在其四十年的歷史中，從未為「空軍一號」單獨製作過廣告。它其實也不需要。事情本來就是如此，這是 Nike 以一款非常成功的球鞋打進籃球市場的故事。到了 1984 年，隨著 Nike 決定推出另一款球鞋「灌籃」（Dunk），「空軍一號」宣告停產。這種情況在當時也只不過是正常的商業操作，儘管「空軍一號」仍然十分暢銷。「空軍一號」現在已成為歷史了。

然而，歷史並不是這麼發展的。市場對「空軍一號」的需求旺盛，甚至連經銷商都要求 Nike 恢復生產。到了此時，由於市場缺貨嚴重，這款球鞋已成當紅炸子雞。尤其是在年輕人之間，這款球鞋已成為某種身分地位的表徵，只有 Converse 的查克泰勒（Chuck Taylor）鞋款可以比擬。熱愛「空軍一號」的年輕人，一路沿著 95 號州際公路，從費城到紐約市，無所不在。隨著聲勢從球場擴張到街頭，「空軍一號」已不再是強調功能的球鞋，而是一個標誌、一個文化的象徵。1986 年，Nike 終於向這款紅白相間的球鞋市場需求低頭，宣布推出「空軍二號」（Air Force 2）。

現今，「空軍一號」共有 1,700 種樣式仍在生產中，不過，其款式除了顏色與材質之外，基本上並沒有任何改變。這對一款直到今日仍然沒有專屬行銷廣告的產品來說，可說是超凡的表現。

尊重傳承

此一鞋款的原始設計團隊，根本無法想像「空軍一號」的標誌性地位和文化，將對未來的運動與時尚文化帶來影響。一代又一代的運動員及球鞋迷，都對這個鞋款具有深深的敬意與熱愛。為什麼？「空軍一號」有何特殊之處，能吸引這麼多人？為何這款球鞋在四十年後仍能鶴立雞群，維持其時尚文化的代表地位？

品牌確實有能力創造文化象徵與標誌，儘管只有少數幾個例子。然而，塑造一個標誌所需的條件，是由消費者決定的，並非品牌。在許多方面，品牌根本無從預測消費者會將什麼產品提升至標誌性地位。但是，我們可以從真誠為本的觀點出發，開始設計產品與故事，使其定位與角色十分明確；若希望一項創新產品脫穎而出，與消費者有更深刻的連結，就要從這裡開始。

「空軍一號」是一個產品典範，全心全意針對球員的需要，以此為最終目標而設計。該鞋款之所以能在眾多籃球鞋中脫穎而出，其中一個重要的原因，是出自機能性的獨特造型。但是，從這兒開始，要為「空軍一號」營造出品牌共鳴性，就不是每件事都在 Nike 的掌控之中了。Nike 所能做的，是維護我們所創造的標誌性作品，也因為我們尊重這款球鞋，以及那些喜愛這款球鞋的消費者，才能做到這一點。

當你更深入了解「空軍一號」的歷史，便會發現，從一開始就以「籃球員的鞋款」機能來為其做出定位，是非常重要的。這個定位，是透過說故事、運動員、市場、球場與消費者的印象來完成的。「空軍一號」並沒有如 Nike 籃球鞋後期的做法，找一位球員代言。事實上，Nike 最初找來的六位球員，在球場上的位置各有不同，本意正是強調這是適合**每一位**籃球員的鞋款。「空軍一號」剛問世時，必須在沒有明星球員的加持下單打獨鬥。它成功了，許多早期的球鞋測試員都拒絕歸還鞋子。隨著越來越多職業球員（例如馬龍）穿上這雙鞋，這種可信的定位越來越強大。他們不僅是穿著「空軍一號」出賽，還靠它贏得比賽。消費者注意到這一點，發現這項新產品已證明自己是球場上的利器，還獲得職業球員的支持——並非透過公司贊助商的公開展示，而是藉由球員於球場上實實在在的表現。

　　多年來，Nike 就讓其發揮本色，並沒有為該鞋款進行任何行銷操作，或是找球員代言。我認為正是因為如此，才使得該鞋款與顧客之間形成一種自然的情感聯繫。透過有所節制，Nike凸顯了「空軍一號」的本色，進而成為街頭時尚。

　　因此，我們為了慶祝「空軍一號」問世 25 周年紀念，特別舉辦了一場大型的品牌活動「唯有此夜」，同時也推出鞋款的新樣式。當時，作為品牌設計總監的我，所面對的挑戰相當明確：如何在不失「空軍一號」遺緒的情況下，慶祝

其標誌性的地位？麥可‧西亞（Michael Shea）當時是我團隊的創意總監，他為「空軍一號」構思故事，回想那個重要時刻，提出一個相當恰當的對比：「從一開始，我們便必須認知到，『空軍一號』其實就像是經典的李維斯501牛仔褲（Levi 501 jeans），是世代相傳的典範。」

然而，若要盛大慶祝「空軍一號」，也意味著在這款對許多人意義重大的球鞋上，我們會破壞 Nike 向來有所節制的行銷傳統。自「空軍一號」於1982年問世以來，文化——尤其是年輕人的文化——已改變許多，而且消費者對於過度行銷的手法已感到厭煩。現在，對年輕世代的消費者來說，少即是多。如果在所有產品上都貼上你的標誌，根本就等於是減少與消費者間的情感聯繫。因此，如果我們在策劃「空軍一號」的慶祝活動時，不稍加留意與謹慎行事，就可能會傷害到我們要慶祝的標的。我們團隊都想保護與尊重「空軍一號」的遺緒。

產品才是英雄

在與饒舌音樂家接觸之前，在音樂電視網決定錄製這個活動之前，在計劃以「空軍一號」的大型白色鞋盒作為入口之前，就已經有了這雙鞋子。因此，不論我們做什麼決定，

這雙球鞋一定是焦點所在——經典的全白「空軍一號」。我們最初的計畫,是要打造有史以來最大型的「空軍一號」鞋款展示中心(而且是在單一場地),此外,其他所有活動都會圍繞著展示中心,就像行星繞著太陽轉一樣。Nike 檔案部(Department of Nike Archives)是負責收集「空軍一號」各種不同鞋款的部門,但即使是檔案部,也無法蒐齊 1,700款「空軍一號」。於是,我們將搜尋範圍擴大至全球的球鞋收藏迷,詢問他們是否願意將珍藏的「空軍一號」借給我們,但是,此舉還不如向一位母親借用她的嬰兒。這些收藏迷無不對企業——即使是 Nike ——拿著他們的珍藏品四處遊走而心存警惕。我們的解決方式是,保證只限於「唯有此夜」的活動。許多收藏迷都同意了,我們也因此擁有齊全的鞋款,這是我們紀念活動的焦點所在。

在此之後,該活動的其他主要元素也陸續就位,包括活動地點。戈坦廳其實是在 1981 年關閉的格林威治儲蓄銀行(Greenwich Saving Bank)的一個房間。這棟建築物的外觀是 1920 與 1930 年代最為流行的經典建築風格,建築物的三面都有科林斯式(Corinthian)石柱,頂部則是羅馬式的圓頂。至於這間位於中央的銀行室,華麗的圓頂高高在上,出納窗戶後面是老式的保險庫。這簡直完美極了。我們想不出還有比銀行更合適的地方,能夠作為重要的象徵,以代表我們要保護「空軍一號」的典範,因為它極其珍貴。這個空間

的每一寸，都是在講述「空軍一號」的價值與保護其遺緒的原因。它的珍貴並非在於價格，而是在於與許多人之間的情感聯繫。記憶、時刻和未來，都是讓「空軍一號」閃閃發光的鑽石。我們在這個橢圓形的空間建造了雪白的陳列櫃，展示 1,700 款「空軍一號」，這是這個地方與賓客心中的寶藏。

當然，陳列櫃並非唯一可供嘉賓欣賞「空軍一號」的地方，他們也可以觀賞其他人所穿的「空軍一號」。許多賓客將會穿著自己的「空軍一號」前來參加慶祝活動，我們也深知這是活動的亮點之一。「空軍一號」的愛好者會相互欣賞彼此的收藏。我們決定在大門口創造一個展示的時刻，由攝影師以拍立得相機，拍下賓客走在白地毯的鏡頭，而不是紅地毯。經過白地毯，嘉賓會登上六英尺的圓形舞台，舞台的設計有如「空軍一號」鞋底的軸心點（布魯斯於 1982 年花了許多心血才發展出來的創新功能），給予每位賓客必要且大受讚揚的產品提示。照片都是從膝蓋往下拍、不拍臉，藉此強調不只是賓客，穿在腳上的鞋子也是明星。鞋子才是重點。賓客可以在自己的照片上簽名，貼在附近的牆上。就這樣，我們有了一座畫廊，集合了所有最酷的「空軍一號」鞋款的拍立得照片。活動結束後，我們將照片集結成冊，分送給每位賓客。直到今天，我們還能看到有些嘉賓以這些照片作為社群媒體上的個人檔案照片。

在整個策劃的過程中，我們必須不斷提醒自己這項活動

的目的所在。當你與藝術家、社會名流和職業運動員一起策劃某件事時，很容易就會把**他們**當作焦點。在某些案例中，這樣的情況也許理所當然，但是在「空軍一號」的案例中，只會搶走它的標誌性光芒。我記得，在策劃初期的一場重大會議上，大家討論了我們憑什麼認為人們會來「唯有此夜」的活動。為什麼會有人認為這是一項很酷的活動？換個問法就是，為什麼消費者要在乎這個活動？一位同仁說道：「這是因為，你以後可能再也沒有機會看到這四位饒舌音樂大師同台演出，在任何地方都不可能。」我承認，即使是我，也認為這個理由頗令人信服。作為從小就聽這些歌手演唱的人，現在發現他們竟然要在你所能想像最隱密的地方演出，自然是興奮不已。不過，換個角度來看，這些音樂家為何會同台演出？只不過是為了一場秀嗎？不是，這位同仁繼續說道：「這是因為那些鞋子。」這就對了，這才是關鍵所在，正如馬爾斯·布拉克蒙所言，「一定是鞋子的關係。」

再度降臨

「唯有此夜」只是 Nike 紀念「空軍一號」的活動之一。2007 年，我們推出新版的「空軍一號」海報，上面的籃球超級明星全換了新面孔。主導「空軍一號」紀念活動藝術方

向的雷‧布茨告訴我，「坦白說，『最初的六人』的『空軍一號』深具代表性意義，要想偏離其風格根本就是瘋了。我們的目標只是在原先的海報上增添一些現代元素，希望能夠符合原本的風格。」不論是 1982 年的舊版或 2007 年的新版海報，都不是「空軍一號」的廣告——而是讓人們重新想起，該海報與「空軍一號」曾幫助 Nike 提升在籃球市場的地位。

布茨及其團隊是以十位籃球明星取代原來的六位，分別是尚恩‧馬里安（Shawn Marion）、拉席德‧華勒斯、史蒂夫‧納許（Steve Nash）、阿瑪雷‧史陶德邁爾（Amar'e Stoudemire）、勒布朗‧詹姆斯、柯比‧布萊恩、克里斯‧保羅（Chris Paul）、保羅‧皮爾斯（Paul Pierce）、傑曼‧歐尼爾（Jermaine O'Neal）、東尼‧帕克（Tony Parker）。和原來的六位一樣，這些球員都是身著白色服裝，站在停機坪上，身後陽光耀眼，遠處可以看到山稜與航空站。此一海報的美術風格足以顯示對舊版本的尊重，同時也更加明亮，地平線間的反差更加明顯，停機坪與球員也比較清晰。它是回顧，同時也是前瞻，將 Nike 籃球帶向未來。

「空軍一號」的 25 周年紀念，給予我們慶祝此一文化標誌的機會。從「唯有此夜」到「再度降臨」（Second Coming）的活動，再到新款球鞋的推出，我們將這雙球鞋介紹給新一代的球員與消費者的同時，也能感受到最初那雙「空軍

一號」帶來的影響。如果我們偏離了促成這款球鞋之所以偉大的核心價值，就等於消滅了它的傳承，即是實現共享所有權概念的典範。因為，就許多方面而言，「空軍一號」已不再專屬於 Nike。如果我們視這款球鞋及其遺緒為專屬 Nike 的財產，便等於是疏遠了在行銷之外與這款球鞋情感相連的消費者。布茨表示：「我們將『空軍一號』比喻為保時捷911，兩者都是標誌性的代表，隨著時間推移，它們都能忠於原味，同時也能允許經過深思熟慮、合於本色的演化。」Nike 當初無意讓「空軍一號」變成街頭時尚的鞋款；這是消費者一手促成的。我們不應搶占消費者為這項產品做出的貢獻，那些貢獻是我們能力未及的。我們應該樂觀其成。

作為品牌團隊，我們能夠辨識促成「空軍一號」大受歡迎的元素——它的真誠性，以及 Nike 促使顧客必須擁有一雙的策略——我們也在這幾十年來，持續地細心呵護。尤其重要的一點，正如布茨所言：「我們不會把目光從我們的舞伴身上移開。」不論我們做什麼，焦點永遠都是這雙鞋與熱愛它的人。

🎯 藝術與文化的結合

從前從前，大約是 2006 年時，HBO 影集《我家也有大

明星》（*Entourage*）是全美最熱門的電視節目之一。這齣電視劇是講述一名演員與他的朋友周旋於好萊塢、社交名流與碎嘴八卦的經紀人間的故事。在其中一集，男主角文斯送了一雙鞋面有雷射雕刻圖案的「空軍一號」給他的朋友多特爾（影集中的固定角色，是個球鞋迷）。這雙短筒球鞋鑲有金邊，鞋面上有以雷射雕刻的多特爾的名字。它是藝術與風格的結合，光彩奪目，多特爾愛死了。觀眾可能會以為這雙球鞋是專為這部影集所做的。我的意思是，Nike 難道真的會如此大費周章，製造這麼一雙精雕細琢，與其說是鞋子，不如說更像藝術品的球鞋？是的，Nike 真的這麼做了。事實上，這項雷射雕塑的作品，是我的朋友馬克・史密斯（Mark Smith）的傑作，他當時是 Nike 創新廚房（Innovation Kitchen）的創意總監。

多年來，人們都會在自己的球鞋畫上一些圖案，將大眾市場產品轉變為個人化的資產，此舉也代表他們將情感傾注於這雙球鞋上。就像塗鴉藝術家對都市景觀的點綴，將個人風格注入鞋子上，也可以算是一種藝術的表現，將原本不算是藝術品的東西，轉變為某種具有特殊意義的物件，就算對別人而言並非如此，但至少對擁有者而言是如此。換句話說，就是製造一項個人化的標誌。「以鞋作畫」是這雙雷射雕刻球鞋的靈感，但是其背後的故事意義更為深刻。

2000 年代初期，馬克無意間看到 Nike 創新廚房的同

事，正以雷射試驗將皮革切割成薄片。他因此想到一個點子，除了用雷射切割皮革外，還可以用這項科技來雕刻。他開始進行實驗，最初僅是針對自己的球鞋，以毛利（Maori）文化古代戰士面具上的圖案作為雕刻的藍本。不久之後，他向他的藝術界朋友展示他的作品，結果發現他們也想利用雷射進行創作。於是，這項雷射雕刻實驗同時帶動了衝浪板藝術、街頭塗鴉與凱爾特文化符號等等的設計。這樣的情況，看似是馬克與他的藝術界朋友重新發現了一種在物件上敘述故事的老方法。原本確實可能是如此，但事實卻不然；這是馬克在實驗一種酷炫的新技術，將他的熱情與創意注入一種新的藝術形態。

現在來談談能源中心（Energy Centers）與我在這則故事中的角色。2003 年，我們創造了「創新畫廊」，這是一種高接觸的行銷工具，能讓我們與一些頗具影響力的城市的創意社群聯繫，用前所未有的方式來發掘藝術與運動的交會點。這是一種深入城市表層，與各類創新者進行接觸的管道：藝術家、DJ、造型師、攝影師與設計師等。其中一座能源中心是富有傳奇性的藍屋（Blue House），位於威尼斯海灘海濱大道（Venice Beach Ocean Front Walk）523 號。這棟房子建於 1901 年，是各類多彩多姿人士的匯萃之處，包括門戶樂團（Door）的吉姆·莫理森（Jim Morrison）。另外一處是紐約市蘇活區的伊莉莎白街。這些都是小地方，不

能與洛杉磯或紐約市的大畫廊相比，但它們完美符合我們的目的。

　　若是單純地認為這些地方只不過是藝廊而已，那就錯了（雖然其概念是來自藝廊沒錯）。這裡並非是在白牆上掛著畫作，旁邊用繩子圍著，還掛著「請勿觸摸」的牌子，而是經過設計，需要自己動手的沉浸式環境，也是匯聚了所有感官的空間。Nike 的商店展示各類產品，讓消費者觸摸與發掘。但是，關於創新背後的故事，以及故事所激勵的運動員，我們能傳達的，也僅止於此而已。能源中心解決了這個問題：給予空間與自由，讓我們能更為獨立且深刻地敘述故事。我們可以利用能源中心，專注於表達某一特定的主題，就像在畫廊舉辦個人特展一樣。我們也可以將這個概念擴大到工作坊、活動，甚至小型音樂會，透過說故事的方式，聚焦於 Nike 創新的面向。你會驚豔於屈屈 1,000 平方英尺（約 28 坪）的空間所能達到的成就。

　　我們在能源中心舉辦的展示活動，一些例子如下：

再造（Reconstruct）：我們將 Nike 產品回收再利用，轉變成帳篷、家具、衣服等各類全新形式的物件。我們希望在永續性創新（sustainable innovation）成為許多品牌關注的焦點之前，就先展開相關的對話。

速度的系譜（The Genealogy of Speed）：我們展示了 Nike 多年來聚焦於速度上的創新。在展場中，牆邊有一個凹槽，形狀像是噴射機的進氣口，也展示了多雙具有突破性意義的運動鞋，讓觀眾了解 Nike 追求製造更高速運動鞋的時間軸與演進過程。該項活動的標語是「透過時間、行動、類比與聲音，精心策劃的十五則故事。」

有鑑於我在沃克藝術中心的經驗，我當仁不讓，成為能源中心的設計與策劃團隊的領袖。透過新的藝術表現方式來分享 Nike 特質的概念，讓我大受啟發。為了具體實踐此一概念，我們的建築師、文案寫手、藝術指導與影片製作人，合力創造了各種敘述精彩故事的沉浸式空間，讓訪客能更加深入了解 Nike 創新的神奇之處。

就創意的角度而言，能源中心最大的優點之一，是我們沒有商業考量的後顧之憂。我們主要的動機並不是銷售產品，而是為一部分觀眾提供服務，讓他們獲得啟發，了解 Nike 的創新如何帶來藝術表現，以及這些創新如何造福運動之外的世界。

這個空間是供他們探索在球場與田徑場之外的 Nike 世界。是的，這是一個小眾的領域，並不是大眾消費市場，而這也是其規模較小的原因。我們只有兩座中心，美國兩邊海岸各有一座，服務那些不拘一格的創意社群。

在中心內，運動鞋是用來傳達藝術表現的畫布，或者更精確地說，是馬克應用在鞋子上的雷射雕刻技術。他最初的構想是以鞋子為媒介，在皮革上刺青，以述說故事。就像畫廊邀請藝術家以創意的方式來展示作品，我們是將其中一座能源中心的空間，提供給馬克來述說他的故事。具體的做法就是展示馬克以雷射雕刻的運動鞋，每一雙都展現了不同文化的視覺語言。

馬克在一些鞋子的鞋舌上，用雷射雕刻出一團火焰，象徵太陽之火的力量。他也在其中一些鞋子加進個人風格，例如在 Cortez 慢跑鞋與「空軍一號」的後腳跟部刻上一個微笑。正如馬克所言：「我是透過這項趣味十足的科技來對世界展露歡顏。」

社會大眾對此反應熱烈，大家都著迷於雷射雕刻技術。事實上，由於雷射雕刻鞋款大受歡迎，我們決定推出雷射雕刻限量版的鞋款，其中一個版本就出現在影集《我家也有大明星》中。我們也因此了解到，可以利用雷射雕刻技術，針對特定的鞋款或運動員述說故事。馬克後來巡迴全球，向各地觀眾說明與展示他的技術。最終，我們將這項技術應用在「飛人喬丹 20」（Air Jordan XX）的鞋款上，也獲得喬丹本人的大力支持。馬克在該鞋款的中足皮帶上設計雷射圖案，代表喬丹在其職業生涯中的重要時刻。例如，有一個雷射圖案是喬丹賺到錢後所買的跑車，另一個則是上面寫了「老

爸」的工具箱——以此紀念喬丹的父親，他是一位使用工具的高手。這些標誌可以讓球鞋的擁有者感覺與喬丹更加親近，無論是在球場上或球場下。

對於許多人來說，「飛人喬丹 20」是「雷射鞋」的巔峰之作，不過我的看法不同。馬克很樂意在日常工作之外，為運動員與社交名流提供雷射雕刻技術。2015 年，當時的美國總統歐巴馬參訪 Nike 園區，馬克與其團隊特別為這位美國第 44 任總統準備了一雙量身訂製的「飛人喬丹 20」球鞋，上面用雷射刻了「44」。

雷射雕刻原本只是馬克出於好奇與想像而開始進行實驗的一項技術，不過，在 Nike「程序之外的程序」的支持，尤其是能源中心的推波助瀾之下，最終形成文化共鳴。這項創新的雷射技術出現在電視影集中，進入紐約與洛杉磯的藝術社群，降臨在籃球超級巨星的球鞋上，最後呈現於美國總統的面前。這就是一項產品成為文化標誌的過程：成為更深刻、更能揮灑個人化經驗的畫布。

🎯 設計民主化

當我領著團隊到倫敦薩佛街一家知名的裁縫鋪時，我希望他們能夠領略這些店鋪之所以成名的四項要件：服務、手

藝、個人化與風格。在這些店鋪裡，可以看到幾個世紀以來的傳統，以及對細節的吹毛求疵。當裁縫師為你量身訂製服裝時，你可以透過剪裁、布料、縫紉、鈕扣與其他所有的元素，以及這件西服，完全感受到他為你個人與身體所提供的專屬服務。當你在薩佛街買西裝，你不只是買下這套衣服，同時也是花錢享受過去專為皇室貴族所保留的服務水準。我那一天並沒有購買西裝（儘管我很想），但它仍讓我深深了解，在為顧客創造一些東西時，服務水準與產品本身同樣重要。

我們沒辦法利用幾個世紀來建立傳統，於是我們決定儘量汲取他們的經驗。如我在第二章所提，好奇心是創意過程中的一個重要元素。你必須不斷地「超越自我」，以你從未想過的方式去尋找靈感。我的團隊和我現在需要解答的問題是：我們能否再造倫敦裁縫的經驗，只不過不是衣服，而是客製化的鞋子？

在那個時候，對於 Nike 與整個產業來說，運動鞋客製化並非新鮮事。Nike 於 1999 年就在網站推出「NikeiD」的訂製服務，提供多種材料與顏色，讓顧客自行設計專屬的運動鞋。由於大受歡迎，該項服務於是擴大客製化的選項內容，包括可以在鞋後跟添加名字、綽號和標語。幾年下來，我們了解到，提供消費者需要自行處理的設計變化，越少越好。換言之，必須限制消費者需要決定的數量，並提高幸福感。也許對少數人而言，NikeiD 就是空無一物的畫布，能

夠盡情發揮，但對大多數人來說，他們寧願接受引導、只需做少量的選擇。

當我在初期領導 NikeiD 的品牌設計團隊時，工作主要是集中於品牌的創造、故事的敘述與顧客的使用體驗。不過，隨著該項服務的人氣與規模擴大，我們了解到其中所蘊含的創意機會，遠遠大於一個數位平台。於是，我們開始研究在實體環境中的最佳個人客製化體驗會是什麼感覺。我們拜訪了倫敦的裁縫鋪，也考察了最棒的餐廳——那些能夠在品質、服務，以及往往遭到忽略的空間之間取得平衡的業者。最棒的飯店不僅有絕佳的服務與美食，還有**氣氛**。建築本身、內裝、氛圍、音樂、燈光——每一項元素，都提供了用餐者完美的環境，能夠享受這裡的佳餚、服務與飯店本身。我們走訪多座城市，與四季酒店（Four Seasons）、麗思卡爾頓酒店（Ritz Carlton）的主管聯絡，向他們學習如何提供服務與認證員工為專家的做法。此外，我們也參考了全球最棒的包裝設計（畢竟我們不是餐廳，消費者不會當場享受商品，而是必須放在盒子裡交給他們）。不論是 Apple、Tiffany，還是東京的精品店，店員進行包裝與消費者打開包裝時，都帶有儀式感的成分。我們汲取這些經驗，在我們的實踐中去蕪存菁。

2005 年，是時候了，我們要將 NikeiD 的數位經驗與我們周遊各地的收穫付諸實行。我們的第一座工作室，是借用

紐約市伊莉莎白街能源中心的空間。在這裡，就和其他許多的品牌創新一樣，我們根據概念開發原型，然後進行實驗。這個概念，正是開創先河、個人化、高接觸且僅限預約的NikeiD 體驗。和倫敦的裁縫鋪一樣，設計顧問會與他們的客戶合作，一路從細節開始客製化他們的運動鞋。然而，雖然倫敦裁縫鋪的模式已爲全球所複製，卻沒有人想過應用在鞋子上。我們知道這樣的做法會受到歡迎，但也沒有料到竟會從原本僅設定爲營業六週的快閃店，成爲遍及全球的客製化工作室。我們從伊莉莎白街的原型店收穫良多，並且將這些經驗運用到往後的工作上。我們希望每一家 NikeiD 工作室都具有統一的個人化服務，與此同時，我們也要它們各有特色。

　　舉例來說，我們於 2007 年在倫敦 Niketown 開設了兩層樓的運動鞋客製化體驗室，採用全玻璃的方型魚缸結構，用意是讓顧客走進這家旗艦店，就可以看到該間「客製化實驗室」內部各種令人興奮與激動的情景。在玻璃牆之間，我們還展示了如同藝術品一般、數百雙經過獨特設計的 Nike 運動鞋。

　　在蘇活區默瑟街（Mercer Street）21 號的「全面訂製NikeiD」（Bespoke NikeiD），可謂將客製化概念發揮到極致的巔峰之作，測試了人們到底願意花多少錢來享受這種體驗。這家店面於 2008 年設立，是以小型精品店的模式來經

營，提供 Nike 最獨特的產品。「全面訂製 NikeiD」就在店鋪的後面，從事一對一的個人專屬服務，創造真正原創的運動鞋。在一雙運動鞋價格可能高達 800 美元的情況下，顧客透過設計顧問的輔助，可以訂製運動鞋的 31 個部分，包括基底、覆蓋層、裝飾、襯裡、縫線、鞋底顏色、鞋帶、裝飾性鞋帶標籤（deubré）等等。他們也可以自 82 種（空軍一號正是在 1982 年推出）優質、標誌性的材料與顏色中挑選最中意的。這裡有一千種不同的皮革，而這絕非網站的數位服務所能提供的；這是全面性的個人客製化體驗，一路還有設計顧問一對一的協助。

於是，原本只是一幅草圖與實驗性的原型店，最終卻變成 Nike 全球銷售旗艦店的心臟。在伊莉莎白街的據點設立之後，不過短短數年時間，只要走進 Nike 在全球主要城市的旗艦店，就會看到 NikeiD 工作室。每雙客製化的運動鞋價格都不便宜，因此稱之為「民主化」有些奇怪。不過，我使用這個名詞，指的並不是任何地方的任何人都負擔得起這種能夠享受個人獨特設計體驗的機會。我指的是設計本身的「民主化」：NikeiD 工作室提供消費者成為自己的運動鞋設計師的機會。他們為自己的運動鞋所選擇的每一個客製化過程，都是在呼應 Nike 的歷史。透過選擇或拒絕某一項元素，消費者展示了最能連結他們情感的傳統。例如，在紐約市蘇活區的「全面訂製 NikeiD」，消費者可以為自己的「空

軍一號」球鞋選擇大象或狩獵的圖案。為什麼是這些圖案？因為汀克‧哈特菲爾德於 1987 年在他的 Nike Air Safari 跑鞋與 Nike Air Assault 籃球鞋上使用了這兩項設計。如今，這兩個圖案兼具傳統的意義，也為消費者帶來念舊情懷，可以分享給所有人。這就是「設計民主化」的重點，藉由讓你自行創造獨一無二的東西，將你帶入品牌故事，使你成為文化傳承的一部分。

運動鞋書籍的教父

「這些篇章所講述的不只是鞋子，更是鞋子所引導的生活。它們踏過的地方，它們從來沒有與人分享過的故事，穿著它們的雙腳，為它們代言的超級明星，它們所帶動的風潮，它們讓人心碎的時刻，還有它們擁抱的未來。」

這是史庫普‧傑克森（Scoop Jackson）為《獨家供應商：Nike 籃球 30 年》（*Sole Provider: 30 Years of Nike Basketball*）一書所寫的序文。當我成為 Nike 品牌設計總監時，我們有一項重大計畫，是創作一部書籍。這項計畫聽來有些令人意外。我們的行銷預算不是用來拍攝影片或策劃活動，反而是要製作一本書，為什麼？我們為何會想出版一本書，透過各個鞋款的故事來追溯 Nike 的籃球旅程？

讓我以一個問題來回答這個問題：我們爲什麼要記錄歷史？因爲這是我們過去的故事；我們來自何方的故事；我們創造一個時代、一個事件的時刻；這關係到我們的生活。我們之所以決定要寫一本有關 Nike 籃球的書籍，是因爲我們回顧 Nike 的歷史，知道它十分重要，不僅是對我們，還有數以百萬計、生活受到這些時刻與故事影響的人們。至於《獨家供應商》的美術指導雷・布茨選擇當時身爲記者的史庫普來合作著書，是因爲史庫普深刻了解這本書唯一可行的方式，就是它不能僅是一本充斥流行鞋款精彩圖片的行銷材料；它必須是這些運動鞋的故事，它必須書寫歷史。

　　當我們開始構思這本書時，最初的目的是根據 Nike 過去三十年的產品與活動，記錄其籃球行銷歷史。儘管這本書是針對球鞋迷，但同時也要記錄 Nike 豐富的傳承（一項具有重大責任的傳承），以及我們未來行銷方向的指引。我們並不是翻閱檔案，試圖回想我們在二十年前爲一雙鞋子所做的事情，而是將之全部打包整理。因此，《獨家供應商》是一本有關歷史、文化與標誌的書，也是一部內容全面、視覺精彩萬分的參考書籍。

　　我們的故事起於該起之處，Nike 於 1972 年以 Blazer 球鞋進入籃球世界。喬治・「冰人」・葛文（George "Iceman" Gervin）身著淡藍色的田徑服，坐在白色板凳上，一手拿著一個白色籃球，腳上則穿著有藍色勾勾的 Blazer 球鞋。在談到

「空軍一號」的影響及其歷久不衰的傳承的浩繁章節中，我們從 1982 年直接跳過二十五年，來到拉席德・華勒斯對「空軍一號」復出的影響。他並非將其當作街頭時尚（華勒斯不需要這麼做），而是視之為球場上的必需品。在拉席德穿著老式「空軍一號」籃球鞋的圖片上方，史庫普寫道：「甚至在復古成為風潮之前，拉席德・華勒斯就已開始暢遊於復古的風格之中。不論是乾淨的、骯髒的、基本款的、漆皮的，他直到今天都不在意，而是向它們致敬。」

還有，當然，讀者也可以追溯飛人喬丹籃球鞋的歷史，例如，在喬丹六代（Jordan XI）的章節中可以得知，這款球鞋的靈感竟然是來自……襪子。「這種完全無鞋帶的設計，是為了提供顧客最大的舒適度。客製化的高科技緊固器能夠提供穩定度，將腳完全鎖定。當麥可・喬丹提出使用漆皮的建議時，一切都改變了。他覺得推出一款即使身著晚禮服也能搭配的球鞋，一定很酷。」

即使是 Nike 的包裝也值得介紹。在題為「鞋子的保存盒」的章節中，《獨家供應商》記載了 Nike 鞋盒的歷史。一個簡單的盒子，最初不過是將鞋子由工廠送到商店，再從商店送至顧客手中，最終卻成為「球鞋迷」的寶物箱，用來收集與珍藏他們熱愛的 Nike 鞋款。「但是，比『球鞋迷為什麼會迷上球鞋』這個問題還要更常出現的問題是：怎麼做？他們是如何讓這麼多鞋子長期保持乾淨、歷久彌新？答

案就是放進鞋盒。」

　　雖然《獨家供應商》總共提供了 650 雙鞋款，不過，雷要求特別聚焦於其中 12 雙，因為這些鞋款「有助於定義、形塑與指引製鞋產業。」舉例來說，「空軍一號」、「飛人喬丹」與其他對文化形成影響、幾十年來歷久不衰的經典鞋款，都在 Nike（與消費者）的歷史中占有不可磨滅的地位。

　　「我們覺得若是沒有這些產品，這個產業與運動鞋文化就不會是今天這樣的規模了。」雷說道。雖然每雙鞋款各有其地位，不過這 12 雙具有指標意義，充分代表該產業與文化的演進，兩者之間的交集近乎無縫接軌。

　　我們對於這本書的原則，是傳達過去與未來的感覺。例如《獨家供應商》的封面，是將一隻昔日的白色 Nike Blazer 與文斯‧卡特代言的黑色 Nike Shox 並列，就像是放在鞋盒之內的樣子。這就是過去與未來。讀者在這本書中可以看到多幅設計鞋款的示意圖，就像建築師的藍圖一樣，還有最新鞋款與舊日鞋款並陳的對比。我們要在過去與現在之間建立無縫的軌道，讓故事能夠繼續傳承，至於讀者——史庫普口中的球鞋迷——他們也是故事的一部分。這是從偉大到更偉大的旅程。

　　《獨家供應商》展現了 Nike 在文化與運動的交會點上，與人們相遇的歷史。在此一領域中，標誌能夠脫穎而出，改變文化，歌頌消費者與 Nike 相輔相成的歷史。我們希望這

本書能夠彰顯這種共享的熱忱與故事。總體而言，這是 Nike 與深愛其產品的人共同寫下的故事。我們擁有向人們敘述故事的力量，不論是在這段旅程中同行的人，還是途中遇見、一路相隨的人。在書中的一個篇章裡，雷與史庫普記錄了 Nike 過去三十年來的故事系譜，供後人參考，因此它不僅是一本歷史書，也是為 Nike 未來世代的創造者提供指引的參考書，讓他們在設計未來時能夠回顧過去。這本書也記錄了消費者在這段塑造文化的歷史中所扮演的角色，從愛鞋成痴的球鞋迷，到只是單純喜歡一雙老式 Nike 運動鞋的人。

對於所有品牌而言，你所選擇述說的故事，在某一時刻已不再屬於你。如果說得精彩，這些故事將被同化，就像民間故事與童話，融入一個無可名狀的文化大熔爐之中，世代相傳，隨著時間的推移與複述，轉變成一個比你當初所創造的、還要偉大的傳承。講述這些故事，分享你的歷史，將它還給你的觀眾。

Air Max 日

鞋盒狀的建築物閃閃發光，就像是方圓幾英里內的一座燈塔。燈光亮起，建築物的每一面都是動感十足的顏色，彷彿每座牆都在呼吸一般，影像自建築物的周邊逐漸浮現，緩

慢地聚攏，形成焦點。沒錯，這是一棟建築，人們耐心地排隊，等候進去體驗裡面的精妙之處，不過它同時也是一個**運動鞋鞋盒**。最特別的是，它是 Nike 的 SNKRS 鞋盒，一棟有如房子大小、提供互動式體驗的建築物。在這一天，該棟建築物的內部是展示神祕的 Air Max 0 運動鞋，由傳奇的運動鞋設計大師汀克・哈特菲爾德在 1980 年代中期所創造的原型鞋款，然而，當時其設計被視爲太過前衛。這幅設計圖一直擱置到 1987 年，汀克才重新拿出來，作爲 Air Max 1 的靈感來源。在這棟建築物內，訪客等於是來到 Air Max 鞋系的聖地，還能看到前所未見的全立體影像 Air Max 0。他們也有機會看到汀克本人，購買與訂製他們自己的 Air Max 運動鞋，或是相互分享他們對這款代表性運動鞋的熱愛。雖然 Nike SNKRS 鞋盒幾乎可以在任何時刻用來歌頌 Nike 各款不同的運動鞋款，但在這一天，它的外裝是設定爲 Air Max 1，這再適合不過了，因爲這一天是 2015 年 3 月 26 日，也就是眾所皆知的 Air Max 日。

難道 Nike 單單爲了一個鞋款，就設立了一個紀念日？是的，沒錯。爲什麼？且聽我娓娓道來⋯⋯

1987 年 3 月 26 日，Nike 推出 Air Max 1，該款運動鞋具有多項非常新奇的功能，其中最受矚目的創新是「氣墊窗」，強調鞋內的空氣與彈簧。根據哈特菲爾德表示，他的設計是受到巴黎龐畢度中心（Pompidou Center）的啟發，因

為這是一棟「內外相反」的建築物。Nike 團隊當初推出 Air Max 的第一支廣告時，搭配的是披頭四的歌曲《革命》，各位由此應可猜出他們對這項創新的期待是什麼。有鑑於 35 年後，Air Max 依然是史上最具代表性意義的運動鞋之一，同時也持續是 Nike 生產線上的主力產品，我認為 Nike 選擇這首歌確實是一個絕佳的決定。

2014 年，Nike 推出新款 Air Max，向其 27 年前的開山鼻祖致敬。新款 Air Max 的鞋舌上印有「3.26」，即是其誕生之日。但是，我們的著眼點比單純推出新款來紀念生日要高一些。我的同事吉諾・菲沙諾提曾表示：「我們的目的是要創造一個時刻，一個能夠激勵整個運動鞋社群的動員日，就像時尚品牌所舉辦的時尚週一樣。」

如同「空軍一號」，我們了解 Air Max 已超越了「為 Nike 所有」的概念，成為「為消費者所有」的資產。就像我們為空軍一號所舉辦的 25 周年紀念活動一樣，我們也想為 Air Max 鞋款創造一個時刻，讓我們有機會對那些幫助它成為文化標誌的人說聲「謝謝」。於是，效法時尚品牌在巴黎舉辦時尚週的想法逐漸萌芽。不過直到這時，我們還沒有考慮以單一日子作為紀念日的想法。

後來吉諾去詢求瑞克・夏儂（Rick Shannon）的意見，後者是 Nike 檔案部的主管。瑞克向吉諾展示當初宣布推出 Air Max 的新聞稿，那一天是 1987 年 3 月 26 日。你知道是

什麼「時刻」會比一週更為有力？那就是一天。我們通常不會以一週的時間來慶祝一件事情，但我們會以一天的狂歡來慶祝。新年除夕、情人節、生日、母親節、父親節。

　　情人節、母親節與父親節的重要性及慶祝的規模，都是由花店與賀卡業創造出來的。這實在是一個高明的主意。和大部分了不起的點子一樣，Air Max 日也是始於「**假如 Nike 打造一個全球公認的節日會怎麼樣？**」這個想法開始成形。如同其他的節日，我們激勵了幫助該鞋款成為文化標誌的社群，提供他們慶祝的理由。

　　我們發現這個概念提供了大好機會，讓我們在當天推出新鞋款，同時也是與消費者——尤其是透過社群媒體——建立連結的絕佳平台。這種在某一特定時刻營造氣勢和興奮之情的能力，可以讓我們用前所未有的方式與消費者互動。以 Air Max 為中心的社群已經存在，不需我們打造；我們要做的是，提供他們動員的動機。他們已具備滿腔熱誠，Air Max 日則是讓他們在特定的時機釋出這股熱情。

　　最完美的是，這一天沒有與任何特定的地方相連。雖然我們可以選定某個城市的特定地點來舉辦活動，但這一天本身的存在是數位的，消費者可以藉此分享圖像、影片，以及他們對熱愛的 Air Max 的記憶。這個平台確實是由 Nike 提供，但歸根究柢，Air Max 日是以社群為後盾，聚焦於消費者的概念。

相較於 Nike 往後幾年的活動，2014 年的 Air Max 日有老派的典雅。我們在當天推出新版 Air Max 1，除了一些改良與新設計之外（例如鞋舌印有「3.26」），幾乎就是舊版的複製品。Nike 在紐約、洛杉磯與上海分別舉辦活動，也在 Instagram 上貼了一張照片——一幅相當單純的影像，一雙黑色 Air Max 的背面，四周都是鞋盒——很快就成為 Nike 史上最受歡迎的照片之一。Nike 邀請社群出動來慶祝這個新節日，他們做到了。

是的，Nike 就這樣創造了一個節日。

Nike、合作夥伴以及社群為 Air Max 日創造了許多特殊的時刻，難以在此一一細數。其中一些最令人難以忘懷的時刻，足以顯示這個節日如何從一個單純紀念一雙運動鞋誕生的日子，變成全球性的現象。

東京的日式庭園：2017 年，在 Air Max 的三十周年紀念時，日本廣受好評的室內設計公司 Wonderwall，在東京國立博物館內建了一座全是 Air Max 運動鞋的全白「庭園」。這座名為「Air Max 家族」的庭園，以三十年來所有的 Air Max 鞋款，取代日式庭園中布置成螺旋圖案的常見石頭。

進入太空的鞋子：同樣是在 2017 年，Nike 的數位合作夥伴太空 150（Space150），將一雙新款的 Vapormax 運

動鞋綁在氣象汽球上，升上空中。這是千眞萬確的，透過 GoPro 相機記錄氣球升空的情景，觀眾可以目睹 Vapormax 運動鞋升上離地 117,550 英尺的高空，接著氣球爆炸，鞋子以降落傘降落。主導與執行這個「升上太空」概念的太空 150 創意總監奈德‧蘭伯特（Ned Lampert）解釋道：「我們完全是受到 Nike 的啟發，受到他們善用科技、打造文化以及一再突破極限的啟發。我們認爲藉此來述說全世界最輕的運動鞋的故事，是運動與文化最完美的結合。」[8]

空中之主： 2016 年，Nike 製作了一部影片「空中之主」（Masters of Air），介紹全球九位最大的 Air Max 收藏家。這部影片是有關他們的故事，他們來自世界各地：阿姆斯特丹、北京、巴黎、倫敦、布拉格、東京、洛杉磯、墨西哥城、柏林。柏林的收藏家名叫冰盒（Icebox），在他四千雙鞋子的收藏中，有兩千雙是 Air Max。

Nike SNKRS 鞋盒： 如前所述，2015 年的 Air Max 日，我們在洛杉磯設立了一個如房子大小的數位鞋盒，成爲當日活動的焦點。其外牆是最新科技的液晶顯示幕，播放影片與圖像，彷彿具有生命、能夠呼吸一般。我們在其他的 Air Max 日也有 SNKRS 鞋盒，訪客可以預約時間進入盒內。他們在裡面可以購買舊款與新款的 Air Max，也能與運動明

星、Air Max 設計師會面。2016 年時，賓客則有機會與「空中之主」的收藏家交談。

自 2014 年設立以來，Air Max 日迄今已舉辦了八年。它已成為文化的一部分；少有以品牌為基礎的「時刻」能夠有此成就。我認為，原因在於 Air Max 日是植基於品牌與文化相結合的中心原則之上。首先，最重要的或許是，Air Max 日是把社群置於慶祝活動的中心位置。Nike 的角色，是讓大家能夠更輕鬆地相互分享熱情，不論是面對面，還是透過數位管道。就像情人節、母親節和父親節，此一活動是讓消費者有機會慶祝他們原本就熱愛的事物。

不過，在以社群為中心的方式中，還有另一個元素。Air Max 日鼓勵粉絲以他們自己的方式，表達對 Air Max 的熱愛之情。Nike 提供他們工具，激發他們的熱情，然後就退到一邊。Air Max 日的另一個重大原則，是賦予大家實質的表決權。每一年，粉絲們都會成為選民，投票決定 Air Max 未來款式的走向；實際上就是讓他們參與 Nike 的創意發想過程。另外，我們在全球各地的大城市，從墨爾本到洛杉磯，都會製造互動式體驗，表達對消費者的感激之情。這些舉措的意義遠勝於一雙球鞋，正如其首份平面廣告所說：「Nike Air 不是鞋子」；它的意義是在於 Air Max 運動鞋所代表的。這個節日是在向熱愛 Air Max 的消費者致敬，以及對創意與自

我表達的頌揚。

現在想來，Nike 有許多機會搞砸 Air Max 日，有許多方式破壞這個節日所要慶祝的事物。不過，靠著堅持將產品與社群置於中心的地位，Nike 讓 Air Max 日成為大家所擁有的節日。歸根究柢，Air Max 日之所以能成為一個成功的節日，是因為 Nike 將大家與他們所喜愛的東西相連結。這是一個讓大家相互慶祝共同所愛產品的節日。

以更宏觀的視野來看 Nike 的行銷史，可以發現我們是把歷年來所學到的精華，集結在一天之內展示。我一直都認為 Air Max 日是 Nike 品牌行銷最為極致的表現，是彰顯品牌最純粹、最理想的形式的時刻。我們設法將 Nike 的精華、熱愛它的人們、它的設計、它的故事、它的運動鞋，全部融入一生僅有一次的體驗之中，由此來看，Air Max 日本身就是讓我們傾注所有熱情的鞋盒。

別追求酷炫

每個品牌都想創造出像李維斯 501 牛仔褲、福特野馬與空軍一號球鞋這樣的文化標誌，這是一項產品所能達到的最高成就，然而，若是一開始就以此為目標，可能會一事無成。如果不夠真誠、欠缺特色、沒有強烈的自我與目的性，

又如何能展現酷炫？沒錯，我們有許多「酷炫」的潮流，但沒有人是靠著追求潮流來創造標誌。你得先引領風氣，才能創造文化的標誌。假如只是隨波逐流，你可能會變成你原本不希望的模樣，而消費者是分辨真誠與否的專家，因為品牌並不能決定自己是否會成為標誌，這是由消費者決定的。

假設一個品牌運氣夠好，發現自己成為文化的標誌、酷炫的象徵，便必須予以尊重，並極力維護。「空軍一號」多年來經歷了許多版本，但仍不忘初心，從未偏離身為球鞋的本色，持續實踐當初幫助摩西・馬龍奪得 NBA 總冠軍的第一雙空軍一號的目的——同時也使我相信自己終有一天會成為職業籃球員。好吧，至少這些事情中有一件實現了。

然而，更常見的其實是，某個品牌並沒有打造出空軍一號，反而發現自己的挑戰是要讓自家品牌持續進行文化對話。有鑑於此，某些品牌往往是在追逐潮流、具有影響力的人物與社群媒體平台。有太多的品牌是在隨波逐流，結果便是失去初心，缺少任何能夠感動人心的力量。當你追求酷炫，得來的往往是落後一步。

當品牌持續忠於其特色和目的，文化標誌便會開始成形。如此，酷炫就會反過來追求你。

「別追求酷炫」的原則

1. 讓真誠作為你的文化資本

善加利用你的遺緒。你有今日的成就,是因為你的初衷所致,要記住你當初之所以受到愛戴的原因。你無法炮製真誠,因此要小心維護。堅持本色,即使最新潮流消失,它仍會屹立不搖。

2. 強調交集

不要固守一方。要融於能夠分享你品牌價值的文化潮流。透過與藝術界、音樂界以及其他領域的交會,你可以邀請新的消費者進入你的品牌,而他們也會幫助你擁有更大的文化影響力。

3. 與社群共同創造

品牌無法自行創造標誌。你的成功除了靠自己之外,也需要仰賴消費者,因此,要給予他們獎勵。為他們提供工具、值得紀念的時刻、畫布,讓他們與全世界分享他們對你的品牌的熱情,使你的品牌與他們的關係更加親密。

第七章

提倡運動

「這個世界卡住了！它枯燥無味，一成不變。現在連看**這個**也卡住了！今天，我們必須讓一些洛杉磯人停止枯坐在車陣之中，開始跑起來。洛杉磯的鄉親父老，跑起來就對了！」

發表這番話的是諧星凱文・哈特，他繫緊腳上 Nike 運動鞋的鞋帶，跳上一輛卡車的後車斗，只不過這個車斗看來像是一個玻璃箱，裡面還擺著一部跑步機。凱文開始在跑步機上慢跑，卡車則穿過洛杉磯市區，來到正值交通尖峰時間的高速公路。凱文一面在卡車後車斗慢跑，一面以擴音器與駕駛、路人打招呼（或者更像騷擾？）。

「你們坐在車陣中無事可幹，」凱文對四周的駕駛說道，「我呢，卻是在訓練。」這些話聽來有點刻薄，因為這些人明明都有工作，不過這可是凱文・哈特，是在玻璃箱內的跑步機上慢跑的凱文・哈特。「從外面看起來，我是否如我想像的那樣酷帥？」他問道⋯⋯沒人答話。

高速公路的交通如以往一樣壅塞，經過卡車的其他車輛，喇叭聲不絕於耳。凱文一面跑步，一面向外面揮手。他說道：「你們按喇叭，要不是因為愛我，要不就是因為我阻礙了交通。」老實說，可能兩者都有。

假如你不知道發生了什麼事，你可能會認為這是一場瘋狂的特技，也許凱文在宣傳一部新電影或新的喜劇。但兩者皆非；凱文就是在做他剛剛所說的事：試著讓大家動起來、

跑起來。

可是，怎麼是凱文・哈特？沒錯，就是凱文・哈特。一位諧星、演員，也是一位熱愛健身、視跑步如命的男人。不過我們之後再談這些。凱文的「特技」（如果你要這樣形容的話），是為了宣傳 Nike「跑起來，洛杉磯，十公里」（Go LA 10K）的活動。該活動是在 2018 年 4 月舉行，同時也推出擁有創新功能的 Nike React 運動鞋。

卡車繼續在高速公路上前進，凱文一路慢跑，四周的駕駛有的歡鬧，有的困惑。然而，大部分的人都掏出手機，拍下這個前所未見、以後可能再也看不到的畫面。路邊一名穿著便裝的男子目送卡車經過，在凱文的呼喚聲中，也開始跑步。顯然有人已了解其中訊息：「跑起來。」

「這個絕對算是我今天的有氧運動了。」

催化劑

凱文參與 Nike 的活動並不僅限於這場洛杉磯馬拉松，他之前也參與了 2017 年 Apple Watch Nike+ 的活動。Nike 擁有出色的合作慣例，長期以來與運動領域之外的創意高手合作，這種合作可以激發跨文化的魅力，引起傳統觀眾之外的消費者的共鳴。我們最初的合作對象之一是史派克・李，

他扮演馬爾斯‧布拉克蒙，站在麥可‧喬丹身邊說道：「一定是鞋子的關係。」另外，在 1993 年的一項宣傳活動中，演員丹尼斯‧霍柏（Dennis Hopper）扮演一位性格乖僻的裁判，高舉職業美式足球水牛城比爾隊線衛布魯斯‧史密斯（Bruce Smith）的特大號鞋子，開懷大笑。這些都不是友情客串。我們之所以選擇這些文化代表，是因為他們能以獨特的方式為 Nike 的故事增添樂趣。

我們來談談 Nike 與凱文‧哈特最初是如何走到一塊兒的。

2015 年，我們開始尋找一位不只能夠暢談健身（尤其是跑步）的人，同時也要真正能身體力行。那人就是凱文‧哈特。對於從脫口秀與電影認識凱文的人而言，可能會覺得這項選擇很奇怪。他並非職業運動員；他從來就不是職業運動員。不過，這也正是重點所在。Nike 的視野，並不限於對知名運動員有所反應的人；我們還要去接觸會因為不同方式而產生共鳴的人。跑者已在跑步，我們要接觸的是坐在沙發上的那批人，而他們看到像凱文這樣的人，便不會置之不理。凱文強大的感染力與歡鬧的個性，可以讓這些人站起來、歡笑，而我們希望他們也能夠開始跑步。要提倡這項運動，我們需要一位具有影響力的合作夥伴，與跑步具有真誠且密切的關係。

我們怎麼知道凱文是最適合的人選？這裡要用一則故事（許多故事中的一則）來證明我們的觀點。2015 年 6 月，

凱文在波士頓演出的前夕,在推特上推文:「波士頓的鄉親,我要你們起來與我一起晨跑!我們在布萊敦大道栗樹山367 高地會面……Next 2 Reilly 休閒中心。」第二天,有 300名波士頓人民來到約定地點與凱文‧哈特一起跑步。這項活動成為這位諧星於五個月間,走訪十三座城市巡迴演出時的固定活動。光是在費城,就有 6,500 人與凱文一起跑步,循著電影《洛基》(*Rocky Balboa*)的足跡穿越這座兄弟之愛城(City of Brotherly Love),來到該市藝術博物館前面的石階。在達拉斯,已跑到終點的凱文,看到跟在後面的一批人中有一位體重過重的人,他於是又折回去陪著那人一起跑到終點。[9]

談到波士頓的那次晨跑,凱文說道:「這完全是自發性的決定。我覺得這是一個鼓勵大家健身的好辦法。」

不過,在深入了解後,我們發現凱文並非一直都熱愛跑步。他在幾年前才決定開始健身,選擇了跑步,但是,他並沒有熱衷跑步。他努力將跑步培養成習慣,直到有一天,一切突然水到渠成。例行性的習慣變成了癮頭,凱文自此之後有如狂熱的信徒,決定利用他的平台(當時他有 2,000 萬以上的推特追隨者)來分享他對健身的熱愛,邀請大家一起慢跑,希望大家也能因此養成跑步的習慣。

那麼,回到那個問題,為什麼我們認為凱文‧哈特是提倡這個運動最完美的大使人選?因為他已經開始跑起來了。

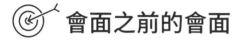 會面之前的會面

　　凱文來到 Nike 園區與我們的團隊會面。在會面之前，我通過創新大樓大廳的安檢，凱文就在我後面。趁著等候其他人通過安檢時，我對凱文自我介紹，這是我們第一次會面，就在大廳的樓梯間。凱文沒有浪費一點時間，立刻將他要讓全球跑起來的構想告訴我。我很快就注意到他並非在演戲。我的意思是，這位老兄儘管全身充滿諧趣，但在此時此刻，他正向一位才認識不過幾秒鐘的人傾吐他對健身的熱情。我聽著他的觀點，驚訝於他其實已有一項具體的計畫。他很清楚他要做什麼，這並不尋常。我提醒道，我們還沒有正式的合作關係。一般而言，通常是像我這種品牌行銷專家與創意團隊的其他成員，向對方提出想法與點子。可是，這一回卻不是這樣；凱文自有一套想法，計劃將健身與健康的生活方式介紹給運動不足的人們。

　　無論是凱文私下的爲人或身爲表演者的地位，我早已對他備感尊崇，而他的視野又將我對他的敬意提升到新高度。他非常風趣，惹得我禁不住捧腹大笑，雖然這對於幾分鐘後就要向凱文進行簡報的我而言，並非好事。

　　最終，當 Nike 團隊成員都在會議室坐定之後，我設法打起精神爲凱文進行簡報。從介紹 Nike 的品牌開始——我們的宗旨、使命與價值——這些都是一般的東西，但能讓我

們說明我們與運動的關係，以及為運動員所做的創新。在我之後，是服飾創新總監珍妮特・尼可（Janett Nichol）的簡報，接著是資深行銷總監達拉・沃恩（Darla Vaughn）。隨著我們依序說明 Nike 的行銷與創新，我注意到凱文露出驚訝的表情。簡報結束後，他向娛樂行銷總監帕姆・麥康奈爾（Pam McConnell）表示，他從來沒有參加過像這次一樣、所有出席者都是黑人的品牌會議。

我們環顧四周，才發現凱文說得沒錯。當天出席這場會議的人，都是黑人。我們絕非故意如此，只不過與他合作的，剛好都是集團內的黑人主管。儘管如此，這也是事實，而且凱文立刻就注意到了；對我而言，這代表我們在多元化與代表性的道路上的一個精彩時刻。雖然這僅是一個小小的時刻，也不是會議的重點，但我永遠銘記在心。

會議結束，我們來到米婭哈姆大樓共進午餐。我們為凱文安排了一位意外嘉賓。用餐結束後，菲爾・奈特走了進來。凱文看到後立刻眉開眼笑。菲爾對凱文的成就大加讚揚，凱文也對菲爾表達敬意，恭維自他身上受到許多啟發。在一陣寒暄之後，凱文來了一段即興表演，宣稱當天稍早他在 Nike 運動研究實驗室打破所有的運動紀錄。全球有各種領域的世界紀錄，因此這是不可能的，然而凱文一本正經地胡說八道，令我們都笑岔氣了。這又是一個小小的時刻，但同時也顯示凱文對於與 Nike 合作，就像我們要與他合作一

樣興奮。

是的，我們找到了一位完美的大使，我們知道將會與他有一段難忘（且歡樂）的合作經驗。我想，我還要再以一則故事來說明我的意思。

2016 年 1 月，凱文受邀為《吉米・法倫今夜秀》（*The Tonight Show with Jimmy Fallon*）的嘉賓。凱文全身穿戴 Nike 的裝備出場：一件紅色的 Nike 機能型 T 恤與 Nike Hustle Hart 交叉訓練鞋。吉米問起凱文的這些新裝備，凱文立刻滔滔不絕地講述他有多愛它們。「我想你們還不知道它們的好處。」他對觀眾嚷道，然後跳上《吉米・法倫今夜秀》那張傳奇的桌子。他接著炫耀 Nike 特別縫在鞋面上的標語，引用自他激勵人心的話語：「健康就是財富」與「別磨蹭了」。凱文表示，它們的意義遠遠超過一雙鞋子，它們有助於「在運動員與還不了解本身具有運動員天賦的人們之間搭起橋梁。」

我還需要解釋我們這批在 Nike 的人有多感動嗎？我是不是說過我們找到了一位最完美的合作夥伴來提倡運動？對吧？

凱文・哈特正是我們需要的人選。

🎯 一直奔跑的男人

黑色的螢幕上出現一串黃色的文字：「十月時，凱文・

哈特拿到 Apple Watch Nike+。」接著凱文現身，他坐在車內，一手拿著手機，一手拿著一個黑盒子。他說道：「我要向你們展示首部 Apple Watch Nike+，噢，我的老天，跑步變得容易多了。」

凱文繼續炫耀他的新手錶，觀眾對於這項新裝置所知不多。凱文並沒有談論它的功能，也沒有提到此一裝置內的數位創新科技，他只是強調：「跑步變得容易多了。」

螢幕再度變黑，又出現了一串文字：「第二天，他消失了。幾個月之後，一位攝影組員在離家 700 英里的地方找到他。」

凱文再度出現在螢幕上，滿臉鬍鬚，在沙漠中跑步。他這幾個月來一直在跑步，像游牧民族一樣，睡在荒野。「你知道，以前跑步對我來說很難，」我們聽到凱文的聲音。「但是，當我醒來聽到腦中的聲音，一切都改變了。它一直在重複一個問題：我們今天跑步了嗎？」

觀眾終於了解凱文所謂的「聲音」，其實是他的 Apple Watch Nike+，它像鬧鐘一樣，每天將他叫醒，小小的螢幕上會顯示一個問題：我們今天跑步了嗎？

「所以，你們知道我開始怎麼做？」凱文問道。「我開始回應這個問題。」畫面切換到凱文一大早自帳篷內出來，高舉雙手迎接冉冉升起的朝陽，喊道：「是啊！」

「所以，現在，」凱文一面跑步一面說道，身邊還有一

頭狼隨行（怎麼會沒有），「所以現在我就跑，一直跑。」

這是 Nike 在 2017 年推出的影片「一直奔跑的男人」（The Man Who Kept Running），主要是配合 Apple Watch Nike+ 的問世。這支錶是兩大領域的專家—— Apple 與 Nike ——在健身與行動科技上的大躍進。這並非兩大品牌的首次合作。2006 年，兩家公司曾聯手推出 Nike+，這是裝在 Nike 運動鞋內，與 iPod 相連的跑步追蹤器。十二年後，我們再度攜手，而數位硬體科技已不可同日而語。在此同時，我也不再負責品牌識別與體驗設計部門。我已是行銷長，負責我們所有的行銷事務。

向全球推出一項完全創新的事物時，目標始終是彰顯這項創新最直接、最有意義的優點。Nike 具有長久的傳統，善於在消費者與鞋類創新之間營造情感連結。只要看看 Nike Air 系列在流行文化中的標誌性地位，就可以了解這一點——這個地位遠遠超越氣墊所提供的原始性能。我們現在的挑戰，是針對數位產品（不僅是鞋子），營造出相同的情感連結。雖然可見式創新的優點非常直接（例如較輕的跑鞋有助跑者跑得更快），但數位創新的優點並不是那麼明顯，尤其是其設計還具有與眾不同的全新特質。

造成情勢更加複雜的是，數位創新往往牽涉到多重功能，每一項都有獨特的優點。為了讓我們的工作更加順利，我們求助於其他的「數位服務故事」大師—— Apple 與

Google。有趣的是，這兩大數位科技品牌之所以能掌握敘述故事的要領，主要就是參考 Nike 的行銷策略。不過，模仿就是最誠懇的讚美形式，現在輪到 Nike 投桃報李了。在推出新產品時，Google 與 Apple 做得最好的是，專注於能夠增強消費者能力的創新，而不只是一些特別的技術功能。

當我們在宣揚 Apple Watch Nike+ 的優點時，需要避免將重點放在這項裝置所能施展的新奇功能，轉而將故事聚焦於真正能帶來特殊體驗的地方。消費者憑什麼要買這個新裝置？答案就在於動機。跑者之所以戴上 Apple Watch Nike+，是因為該裝置各項複雜的科技功能，可提供他們動機，讓跑步成為更令人享受、更具儀式感的體驗。那些對跑步感到心不甘情不願的人，最需要的是什麼？就是動機。然而，要確保消費者理解這些創新科技，是我們在創意上的一大挑戰。

跑步是一項具有獨特挑戰性的運動。在其他大部分的運動中，競爭通常是動機因素；跑步卻不一樣，完全是個人表現的追求。獨自一個人在路上跑步，除了自身的動機之外，沒有其他力量推動你向前。這也難怪為何會有這麼多人選擇其他運動，或是放棄將跑步培養成一種習慣。簡單來說，跑步缺乏堅持不斷的動力。既然如此，我們該如何鼓勵跑步？又該如何向跑者與有潛力成為跑者的人展示，Apple Watch Nike+ 能提供他們持續跑步所需的動力？

我們用來回答這個問題的答案，是製作一系列題為「消失」（Vanishing）的短片，由史戴西・沃爾（Stacy Wall）執導，全都是在猶他州的摩押（Moab）拍攝，包括「一直奔跑的男人」。史戴西過去幾年曾為 Nike 編寫與拍攝多部廣告，十分了解 Nike 的品牌價值，以及敘述故事的方式和標準。史戴西最大的貢獻之一，是讓凱文有即興表演的空間。像凱文這樣的演員，你不必詳細寫下台詞，只需要設定一個框架，然後退到一邊。和我們之前的寫作高手一樣，成功是來自於給予凱文足夠的自由揮灑空間，讓他盡其所能地向觀眾闡明跑步的真相。我所謂的「真相」，指的是凱文並非以 Nike 大使的態度來說明一切，而是一位曾經不愛跑步、後來找到跑步動力的人，傾訴他的親身體驗。更重要的是，他能夠以他的動機來激勵別人。

　　在這個系列中，凱文・哈特就是扮演自己，在拿到他的 Apple Watch Nike+ 後受到激勵，開始跑步，直到幾個月後，才被攝影組員在沙漠中找到，發現他與動物說話，與炎熱和寂寞搏鬥。在拍攝的過程中，凱文也轉化為一位熱愛跑步的人。凱文隨時可以改變他的興奮程度，他能夠輕易地由一個瘋子轉變成一個精神稍有異常的人。看到專業演員盡情發揮演技，對觀眾而言是一大享受。一如預期，凱文也為影片提供了許多自己獨到的主意。觀眾可能以為凱文有如游牧民族的鬍子是假的，但事實上，他是真的蓄上鬍子，而且鬍子也

是他的主意。

此系列的每部影片，都是強調 Apple Watch Nike+ 的其中一項功能，例如追蹤你的速度、距離、步數，或是讓你與朋友相互競爭的功能。要領是避免以工程師的角度來說明這些功能（並沒有對工程師不敬的意思），而是以剛拿到新玩意兒的朋友的角度來述說。因此，如同在「一直奔跑的男人」中所看到的，觀眾對於這支手錶如何運作是毫無頭緒的，他們只知道它能為他們做什麼。凱文在影片一開始的發言——「跑步變得容易多了」——正是所有未來的跑者想要聽到的。

這個東西能做什麼？

它讓跑步變得容易多了。

買了！

◎ 運動的提倡運動

凱文與 Nike 之間的合作關係，不僅只有 Apple Watch Nike+。我們還製作了一系列的跑步語音指導教材，以凱文的聲音來激勵聽者。試想你正準備起床，或是打算創下個人最佳成績，耳邊盡是凱文的聲音，使你的心率在歡笑聲中不斷提高。另外，還有本章一開始提到的「跑起來」（Choose

Go）活動，這是在 2018 年舉辦的，我們同時也推出全新款 Nike React 運動鞋。「跑起來」是我們迄今爲止規模最大的產品全球發表會。儘管凱文在卡車上跑步看來趣味盎然，但若和長達二分鐘的「跑起來」廣告影片相比，仍是顯得有些失色；該影片中不只有凱文，還有西蒙・拜爾斯（Simone Biles）、小奧德爾・貝克漢姆（Odell Beckham Jr.），以及科學家比爾・奈（Bill Nye the Science Guy）。

這部影片的大意是地球停止自轉，裡面有一段新聞影片，稱之爲「末日劫難」（Stopocalypse）。若要使地球再度自轉，大家必須開始跑步。於是，全世界從美國到中國的人們，都從家中跑出來，加入這場全人類的跑步活動。影片中的一個情節是眾人集體向前跑，突然遇到凱文迎面而來。凱文停下腳步：「爲什麼大家都朝這個方向？」他於是轉頭跟上人群。

「這項了不起的行動，是讓我們的地球恢復自轉的最後機會了。」影片中的男主播說道。這項計畫成功了，地球又開始轉動……直到那位主播報導突發新聞：「大家都跑錯方向啦！」群眾停下腳步，轉身，再度開始跑起來。

影片最後的鏡頭，是凱文氣喘噓噓地看著大家自他身邊跑過。他嚷道：「我就知道！我就知道我是對的！」

凱文與 Nike 的夥伴關係在多個方面都有所突破。首先，它是基於一種自然且共同的熱情：我們都必須爲各種形

態的運動員服務，激勵他們。凱文開始跑步後，就希望大家能跟著他一起跑。作爲一位提倡大使，凱文必須激勵大家，讓大家坐下來聆聽。其次，連結凱文與 Nike 的是 Apple Watch Nike+，此一裝置能夠讓凱文與 Nike 實現幫助他人的願景。最後，凱文個人的努力，還有他在社群媒體上的經營，在在顯示他的態度眞誠。凱文是一位激勵大師，因爲他知道需要激勵的意義何在。他知道別人需要聽到什麼來改變生活形式——不只是對一次跑步的激勵，而是激勵人們跑出生活形式。這就是 Nike 選擇與這位傑出的人才合作的目的：幫助激勵大家群起仿效。我們利用凱文的聲音來提倡運動，以 Apple Watch Nike+ 來加強激勵的作用。當我們把這些元素組合起來，就能看到品牌所能發揮的作用，遠不止於以行銷工具來推銷產品；也能看到品牌如何利用產品，大規模地解放眾人的潛力。

接下來將繼續分享我所參與過的其他經驗，以創新來提倡運動。

人類大賽跑

Apple Watch Nike+ 的行銷旨在創造一項運動。九年前，那時還未與 Apple Watch 串聯的 Nike+，則是眞正創造了一

場運動。想像一下，我們 2007 年在比弗頓的時候，全世界（我們盡可能召集最多人）在同一天的同一個時間，參加同一場比賽。然而，這在幾年前根本是不可能的事情，不僅是因為根本無法達到如此大的規模，更關鍵的是沒有最新的科技。就算 Nike 組織了一項活動，讓全世界的人在同一天「賽跑」，也沒有一位跑者會感覺自己是在參加比賽，因為沒有任何東西可將跑者相連，例如墨爾本的跑者與馬德里的跑者。不過，現在已有這樣的科技了。是的，它仍然需要人們的努力與詳盡的規劃，但是，如果……？

　　這就是 Nike+ 人類大賽跑（Human Race）的濫觴，這是十公里的跑步比賽，橫跨全球各大洲，遍及 25 座城市，包括洛杉磯、紐約、倫敦、馬德里、巴黎、伊斯坦堡、墨爾本、上海、聖保羅與溫哥華等主要城市。大家都是在同一天比賽，2008 年的 8 月 31 日，就是在北京奧運的一週之後。在這些城市裡，比賽結束後還有演唱會，邀請眾多歌星獻藝，例如魔比（Moby）、肯伊·威斯特、本·哈珀（Ben Harper）、打倒男孩樂團（Fall Out Boy）、凱莉·羅蘭（Kelly Rowland）等。

　　促成這些改變的創新就是 Nike+。Nike+ 的後代 Apple Watch Nike+，還要再十年才會問世，而 Nike+ 在當時正是那項工具，協助 Nike 實現舉行全球史上最大規模賽跑活動的願景。

一項運動的開展

2000 年代初，Nike 推出自己的 MP3 播放器，我可以這麼說，這是市場上最好的 MP3 播放器，而且我們還有一個頗具新意的跑步網站，供經驗豐富的跑步者記錄成績。唯一的問題是兩項新產品都不太受歡迎，至少在大眾市場是如此。感覺上它們是專為專業的跑者，而不是業餘人士所設計的，因為如此，一直無法廣為市場所接受。不過，我們也注意到，經常跑步的人會在腰際或手臂綁上 iPod Nano，腳上則是穿著 Nike 跑步鞋。

我們同時也了解到，一般的跑步者或是想跑步的人，並不在乎什麼新科技。他們並不會因為 Nike MP3 的傑出新功能就決定購買這台較貴的裝置；他們會去購買 Apple iPod，因為這樣就能擁有 iTunes，操作也比較容易。就跑步本身來看，主要的抱怨是：跑步很枯燥、很孤單、覺得要開始跑步很困難，而且真的難以堅持下去。如果 Nike 要設計一項產品與這些消費者相連結，就必須迎合他們的需求，而不是要他們來迎合我們。

於是，Nike 帶著 MP3 與線上經驗，找上 Apple。這就是 2006 年 Apple 與 Nike 聯手促成運動與音樂兩大領域結盟的起源。最初的 Nike+ 是在你鞋子裡的感應器，以 iPod 為介面，記錄你跑步的速度與距離。消費者可以將音樂播放清

單整合到他們的跑步路線之中，在特定的距離播放特定的歌曲。不過，當然，真正的突破在於 Nike+ 瞄準的是慢跑的人，這些人在跑步之後都懶得記錄成績，但都很喜歡成績被自動記錄下來的激勵效果。如此，他們既可以即時知道跑步成績，同時還能聆聽最喜愛的「動力」歌曲（power song）。

在這個發展中有一個有趣的現象，也許是自然產生的，不過有些人就是對這項產品抱持抗拒的心理。值得注意的是，這些對產品的市場性感到懷疑的人，都是長期的跑步者。對他們而言，跑步的動機從來就不是個問題：音樂反而會阻礙他們聆聽自己的呼吸聲，而且，一路專心跑步是一件神聖的事情。他們指出 Nike+ 並不適合真正認真的跑步者。對於這一點，有些人還認為真是如此。

身處於數位連結與社群媒體世界的我們，已很難記得在不久之前，這些事物都還是新鮮事。我們就是在這樣的世界開始打造 Nike+，當時 apps 的意思指的是主菜之前的開胃菜。我們所做的事沒有什麼前例可循，更沒有任何指引可以依賴。憑藉著一些原始的概念，以及在線上世界所能找到的數位工具，我們僅能自尋出路。當然，今天有相關的規定與消費者的認可，但在那時候，什麼都沒有，而且根本沒有所謂的消費者回饋。那時候，對於許多人來說，網際網路是要打開筆記型電腦才會有的東西，並非內建於所有設備中。消

費者會對這種等級的個人資料蒐集有什麼反應？除了少數精通科技的消費者，Nike+ 會是大家接觸新數位工具的初次體驗。就另一方面來說，Nike+ Running 也是一個媒介，將跑步介紹給數位科技業中的許多人；它將新興社群網絡與早期社群網站的行為，應用到運動與健身的世界之中。簡單地說，你可以這麼講，我們發動了整個可穿戴式裝置的運動。

在如此意義重大、但高風險的環境中，我負責從事相關的品牌推廣、包裝、藝術指導、環境創造與籌劃活動等工作。Nike 在這些方面的要求水準一向頗高，而我們現在是要與 Apple 合作（另一家以高標準聞名的品牌），有鑑於史蒂夫・賈伯斯（Steve Jobs）對於品牌的相關事務無不親身參與，我們更是沒有出錯的空間。Apple 的視覺傳達總監淺井弘樹，因為與我曾進行多次品牌對品牌的設計團隊會議而相熟，他向我透露賈伯斯是多麼注重設計細節：從標題的字體空間、標誌的擺設位置，到產品照片的構圖，無不過問。對於賈伯斯而言，沒有任何一個細節是小到無需注意；其實這是可想而知的，因為他本人就是打造品牌的大師。我想到，我在十五年前還是 Nike 實習生的時候，曾在我的導師約翰・諾曼的指導下，學到「精準」在工作中的意義。然而，現在卻是完全不同、更高層次的吹毛求疵。

我與團隊必須開始為這個新概念打造品牌識別元素。我們從一開始就想到，要將一個簡單的「附加」的圖案或文字

置於勾勾的旁邊，以代表「添加的數位工具」。我們嘗試了多種方案，包括直接使用「添加」（Plus）這個字。當我們確定這個構想之後，便開始專注於「添加」的符號，進行有關比例、與勾勾的接近程度、高度等各種細節的實驗。我們至少進行了一百種不同方式的測試，最後的贏家是一個略有弧度的加號（很難注意到，不過相信我，確實是有弧度）。我們當時並不知道，我們開創了一個直至今日依然存在的數位品牌打造趨勢，從迪士尼（Disney）到沃爾瑪（Walmart），都是以加號來代表他們的數位會員服務。是的，我們就是第一個這麼做的。這也是我們少數幾次膽敢調整勾勾的行動之一，然而此計畫意義重大，使我們不得不特殊處理。我們創造出一個全新的概念——它是 Nike，但也是經過強化的 Nike。該如何表達這個意義，同時又能避免爲勾勾帶來過重的負擔，導致其效果減輕？答案就是加號。

我們的另一項任務，是設計一個圖像，傳達兩大品牌將要攜手合作，同時展示兩項原本互不相容的產品的完美結合。我們的設計成果，被我們內部稱爲「蝴蝶」：兩支直立的 Nike 黑色跑步鞋，鞋底互觸。鞋子中央是一台銀色的 iPod Nano，耳機線纏繞著鞋子，彷彿是把兩件不相容的產品綁在一起。它們就像是生態系統一般，與彼此和運動員完美結合。輕盈、活躍、單純。

我們還需要創造運動員的形象，在運動員身上展示產

品。這項工作知易行難，因為我們談的是設於鞋子**裡面**，有如冰球的感應器，以及一台 iPod Nano，假如只強調螢幕上的東西，就會忽略了運動員。我們的解決之道，是聚焦於運動員使用產品的情況，但並不會真正展示產品本身。做法是在運動員邁步向前的同時，將他在 iPod 螢幕上所看到的數位指標，例如他的速度、距離等等的影像疊加於他的身影之上。這是個完美的方式，得以將兩項需優先強調的事物——運動員與產品——融合於單一影像之內。這種做法也開創了先例，因為今天如派樂騰（Peloton）、Strava 和 Soul Cycle 等健身品牌，在展示運動員使用個人健身數據的影像時，也都是採取相同的方式。不過，我要再次強調，Nike 是開路先鋒。

⊚⤙ 全面的創意合作

在發表會的前夕，團隊的許多成員都在紐約市的切爾西碼頭來回慢跑。我真希望此舉有助於我們減輕在最後緊要關頭的緊張情緒，但是不行。隨著時間迫近，我們必須確保 Nike+ 展示品的運作，有如我們所宣傳的一樣完美無缺。我們將展示革命性的科技，而其結果必須與我們當初所說的豪語一致。大約有一百位記者將參加發表會，親身體驗展示

品，如果有一個、兩個或十五個無法運作，第二天一定會成為各大媒體的頭條。

然而，要向眾多記者**說明** Nike+ Running，是一項艱鉅的挑戰。我們必須設置展示站，陪同每位媒體朋友親身體驗，因為在這世上還沒有語言能夠完整表達。方方面面都是全新的。感應器是在鞋子的鞋墊下，需要與 iPod 同步連線。你可以新增朋友或設定挑戰程度，也可以播放讓你更有動力的「動力歌曲」。這些功能是全新的，唯有向媒體朋友展示，才能讓他們信服。在這一天，我們要讓現場的每一位記者都覺得未來觸手可及，並獲得啟發。

那天是 2006 年 5 月 24 日，這意味著紐約的天氣可能仍會很冷。你猜猜看天氣如何？真的是冷到爆。雖然切爾西碼頭的設施都是在室內，但是沒有暖氣，我們團隊的穿著既不適合這樣的氣溫，也不適合跑步。沒關係。半夜 2 點 30 分，團隊成員大部分都穿著工作服，在切爾西碼頭來回跑步。每當有人跑完一圈，就會按下 iPod 的按鍵，查看成績，接著繼續按著按鍵，就會播放動力歌曲。所有的展示品在操作上都完美無瑕。這對 Apple 與 Nike 的團隊而言，都是十分神奇的一刻，大家攜手合作，創造出前所未有的科技。這真的是一次鼓舞人心的合作。雙方團隊有許多人都眼泛淚光。

然而，我們尚未擺脫困境。展示品的運作是很順利，但是，在發表會揭幕之前，仍然有障礙需要克服。在切爾西碼

頭舉辦的發表會是一項大工程，就像準備超級盃一樣。根據計畫，我們要創造一個空間，為媒體記者與分析師提供經過嚴格規劃的體驗，滿足各種不同的需求。我們必須設立舞台、展示區、產品與互動區，供媒體朋友親身體驗 Nike+。此外，還必須有一塊大區域，供運動服飾及跑步零售商，與 Nike 銷售人員進行會談、簽立訂單。主要的舞台區是一個露天劇場，兩大品牌的執行長將會上台發表談話（類似賈伯斯著名的產品發表會），共同呈現 Nike+ 的理念。

此一活動的行銷總監瑞奇・恩格爾貝格（Ricky Engleberg）說道：「看著排練發表會的情況，我想 1992 年夢幻隊的訓練也就是這樣了。」針對腳本中的譬喻能否起作用，聆聽賈伯斯提供的相關回饋；看著我們邀請的傑出運動員首次嘗試這些新科技；這些真的是一生僅有一次的經驗。

接著，就是賈伯斯著名的吹毛求疵。這位 Apple 領導人事先便已表態，在聯名品牌上，只要有勾勾出現的地方，旁邊就必須有同等尺寸的 Apple 商標。我指示我的團隊必須確保一切無誤，但仍是出了一個問題。預定要讓媒體親身體驗 Nike+ 的眾多桌子上，只有勾勾的標誌。賈伯斯在排練當天發現這個情況，立刻表示必須在發表會揭幕前予以修正，絕不通融。儘管事實上每張桌子上都擺了三台 iMac，每台都有 Apple 的商標，但就是不行。我召集團隊，告訴他們必須趕在發表會之前，更改為 Apple 與勾勾連體的共同標誌。

他們只有 48 小時，要用塑膠片製作四十個 Apple 與勾勾的連名標誌，還需要在發表會前夕將桌子重新上漆。因此，除了一組人馬在不斷跑步、測試展示品之外，還有一組人員在搞定供媒體使用的桌子。不過，這一切辛苦都是值得的。Apple 與 Nike 兩大品牌標誌並肩而立的視覺效果，讓所有的賓客——尤其是媒體朋友——大為震撼，這也正是兩大品牌聯手所能發揮的、最極致的效果。

發表會揭幕，證明我們這批人通宵達旦地工作，確實做出改變，活動大獲成功。我們在切爾西碼頭所規劃的 75,000 平方英尺區域，展現出品牌的力量，確實發揮了預期的作用，在媒體方面更是超乎預期。我團隊中的藝術總監史考特·丹頓—卡杜（Scott Denton-Cardew），為了這場發表會連續熬夜好幾天。發表會開始後，他的籌劃工作終於結束，於是他跑去吃了一頓全套英式早餐、一杯威士忌、幾杯健力士啤酒（早餐中的冠軍）。然後，他睡了整整一星期。

Nike+ 與 iPod 的結合，是在各自領域引領風騷的兩大創新巨擘，進行全面創意合作的成果，不僅推動了可穿戴式設備的運動浪潮，同時也迎來了各項裝置相互連線互動的時代。這也是消費者有生以來第一次，無需醫療專業人員與訓練師的協助，就能看到自己的健康與健身資料——速度、距離、燃燒的卡路里等等。不久之後，iPod 就會被 iPhone 取代，接著，只不過在一年之後，消費者與數據間的無縫整合

技術，又會獲得進一步的改善。到了 2012 年，已有 700 萬名用戶加入 Nike+ 社群。

2008 年時，Nike+ 的成功，讓我們相信現有科技能夠協助舉辦人類史上規模最大的賽跑活動，也就是所謂的「人類大賽跑」。若跑步者位於參與正式比賽的城市，可以利用 Nike 網站註冊，追蹤自己的成績，並且進行評分，和全球其他的跑步者做比較。然而，接下來才是關鍵所在：即便是不在這些城市的群眾，Nike+（現在已是 app）仍讓他們參與比賽——不論是在贊助城市或是在他們家附近——與別人一樣，記錄自己的成績。

經過 24 小時之後，有 100 萬名跑步者，總共跑了 802,242 英里——相當於環繞地球 32 圈。看到有這麼多人是來自舉辦這項重大賽事的各大城市，實現了我們強調幫助住在市中心的人們踏出家門、開始跑步的行銷理念，我們這些在 Nike 的人備感光榮。至於我個人，我記得自己在賽後看著數位排行榜，發現馬修・麥康納（Matthew McConaughey）竟然跑贏我，令我鬱悶至極。

在大獲成功的人類大賽跑之後，我們又於 2015 年 8 月 27 日舉辦了「史上最快的一天」（Fastest Day Ever）活動。我們向全世界的每一個人發起挑戰，在這一天以最快的速度跑完一英里。我們利用 Nike+ 數據（Nike+ Data）與 Google 街景，將每個人跑步路線的個人影片，提供給世界各地的跑

步者。這一切都是可行的，因爲我們設計產品的眼光並不是瞄準菁英跑步者，而是那些可能成爲跑步者的人，他們只需要一些額外的鼓勵，就能穿上跑鞋，出外跑步。至於那些用來組織跑步活動的科技，主要是讓跑步者較容易即時獲得個人資料，也能讓他們與世界各地的其他人連結。跑步也許仍是一個人的運動，但是，當你參與其中，便不再孤單。

◎ 善加把握

2012 年，YouTube 有一部影片，下方有一段評論，是由用戶弗羅芬・佩金斯（Fluffy Penguins）所寫的：「這要不是一部傑作，要不就是某個傢伙騙贊助商出錢拍攝的影片。」

誰說不能兩者都是呢？弗羅芬・佩金斯先生（或女士）？

這部受到質疑的影片，標題爲「善加把握」（Make It Count）。影片一開始是一雙手打開裝著 Nike+ 能量手環（Nike+ FuelBand）的盒子，該產品是置於一個橢圓形的凹槽裡，凹槽中央有幾個字：「人生就是運動，善加把握。」那雙手取下手環，拿在手上大約一秒，接著，畫面切換到某座城市，一個人從一扇有些古怪的門衝出來。我的意思是，他眞的是衝出來、跑到人行道上，直接跑出畫面之外。影片畫面轉爲全黑色，接著出現一段文字：

「Nike 要我製作一部有關何謂『＃善加把握』（#makeitcount）的影片。」這些字幕仿效電影《星際大戰》（Star War）的做法，向下滾動。「但是，我沒幫他們拍片，反而把整筆預算拿去與我的朋友麥克斯四處旅遊。我們一直旅行，直到錢花光為止。總共花了十天的時間。」

影片其餘的四分鐘（我無法用文字一一描述）是製片人凱西・奈斯塔特（Casey Neistat）與麥克斯環遊世界的情景。他們從紐約啟程，搭機飛到巴黎。他們從巴黎來到開羅。接著⋯⋯好吧，接下來要說清楚他們的行程，變得越來越困難，但我們可以看到他們去了倫敦、約翰尼斯堡、尚比亞、奈洛比、羅馬、多哈（或者，該說是凱西對著攝影機表示「回到多哈了」）、曼谷，可能還有其他若干城市。貫穿整部影片的，是凱西從畫面的一端跑向另一端。他跑個不停，一直在移動。他也會隨意做一些後空翻，從高得嚇人的地方跳入水中，以及倒立。接著，錢花光了，最後的鏡頭是凱西跑回他的辦公室大門（從他出發的反方向）。

在凱西的旅程中，經常可見一些主調類似的名人格言：

「生命要勇於冒險，不然將一事無成。」

——海倫・凱勒（Helen Keller）

「買票，享受旅程。」

——亨特・湯普森（Hunter S. Thompson）

「人生只有一次，如果你有正確的人生觀，一次就夠了。」

——梅·威斯特（May West）

「最重要的是，去嘗試。」

——法蘭克林·羅斯福（Franklin D. Roosevelt）

「我從不擔心未來，它來得夠快。」

——愛因斯坦

「不犯錯的人將一事無成。」

——賈可莫·卡薩諾瓦（Giacomo Casanova）

「每天做一件你害怕且不敢做的事。」

——愛蓮娜·羅斯福（Eleanor Roosevelt）

「如果我循規蹈矩，我估計我將一事無成。」

——瑪麗蓮·夢露（Marilyn Monroe）

「行動反映你的價值觀。」

——甘地（Gandhi）

　　這部影片的驚人之處在於，觀眾看到的正是實際發生的事：凱西拿到錢跟簡報，然後他就……出發了。他做了別人意想不到的事，花光經費，完成環遊世界的計畫，然而，整個計畫卻與配戴能量手環無關。他最後將手環交還給我們，彷彿它現在才是一項完成品，他說：「完成了，給你。」

　　好吧，這幾乎都是真的。但我們後來做了一個調整，是與凱西在影片中所穿插的格言有關。他還需要一條格言，

於是來徵求 Nike 的意見。Nike 唯一的要求,是這句名人格言必須屬於公眾領域(不受著作權保護),因此,一百年前的任何一則名言應該都在安全範圍之內。凱西於是想到林肯(Abraham Lincoln)的格言:「重要的不是你的人生有多少歲數,而是你的歲數裡有多少人生。」完美。

最後,我們得到我們所要的。這部精彩的影片只有凱西‧奈斯塔特才能拍出,也只有 Nike 才能說出這樣的故事。這部影片最令人印象深刻的是,強調人生就是一項運動,你必須善加把握。那段時間,它成為 YouTube 上觀看人次最多的 Nike 影片,而且相較於傳統的付費廣告模式,它完全是以病毒式傳播來獲得大家的肯定。這可能是 Nike 史上投資報酬率最高的影片之一。

同時,也是向全世界介紹 Nike 的創新產品——能量手環——的絕佳方式。

◎ 如何發動一場運動

2012 年,Nike 推出革命性的 Nike+ 能量手環,這是一部與手機相連、戴在手腕上的行動追蹤器,能夠追蹤你的體能活動、每日步數,以及各類運動所燃燒的能量。就運動和健身而言,這是迄今為止最為「民主化」的運動感測器,因

為運動和健身現已成為跨平台的共享活動。當我們在 2006 年與 Apple 聯手推出 Nike+ Running 時，臉書尚未成為唯我獨尊的社群媒體平台，更別提推特與 Instagram。我們當時便發現，分享數位記錄的跑步成績，是讓跑步者感覺自己受到朋友與同好肯定的絕佳方式。在這個概念下，突然之間，除非用 Nike+ 來追蹤你的跑步紀錄，否則感覺就不算是真正的跑步。

這項產品賦予消費者力量，提高其健身時刻的重要性；這個觀念也激發了大家對 Nike 下一階段可穿戴式科技的想像。當時的行銷長大衛・葛萊索針對這樣的期待，直接對他的團隊宣布：「讓我們發動一場革命。」他的意思是，市場看來已準備好擁抱一項產品，以徹底改變消費者看待自身健身數據的方式。我們看到一個新時代的來臨，在這個時代，即使是菜鳥跑步者，也能立刻掌握自己的健身紀錄。他們對自己體能活動與健康的了解，甚至比五年前的醫生所知道的還要深入。

正是這項發起行動的號召，引起 Nike 內部的共鳴。大衛要求他的團隊實際研究在政治、社會與文化方面的各種革命，找出共通點，以協助他們成功發動革命。我們該如何從歷史上的革命行動獲得啟發，籌劃出一套行銷計畫，發動 Nike+ 能量手環革命？

我們了解，第一步是我們必須師出有名——我們需要一

個口號，不僅能夠帶來啟發，還能鼓動消費者。我們最初想到的是「把握每一件事」（Make Everything Count），這出色地描述了能量手環追蹤的廣泛的指標範圍，但稍嫌冗長。我們後來決定採用「善加把握」（Make It Count），是基於兩個理由。首先，聽起來像是一個承諾，一個真正呼籲起而行的號召，意思就是「我要好好把握」（I will make THIS count）。第二個理由是，能夠與「做就對了」（Just Do It）的標語連結。「它」（it）——而不是「每一件事」（everything）——事實上已存在於 Nike 的 DNA 之中。於是，「善加把握」成為了標語。

在我們對各種革命的研究中，我們發現創業家德瑞克・西佛斯（Derek Sivers）在 TED 演說中談到如何發起一項行動，對我們設定計畫的方向大有幫助。德瑞克在演說時播放了一段影片，影片中是一場戶外音樂會，觀眾都坐在位置上，突然有一人站起來，熱烈地跳起舞來。德瑞克解釋，在大家眼中，這位第一個站起來跳舞的人，只不過是一個瘋子。他並沒有真的造成什麼騷動，大家只是覺得他有些奇怪。但是，接著有人起身，隨他一起跳舞，因為這人發現那位「瘋子」已證明，其實可以在現場跳舞。第一位跳舞的人，並不在意有人加入他的行列，他歡迎有人與他一起跳舞。就這樣，這位原本在獨舞的人有了一位追隨者。更重要的是，這位追隨者賦予了第一位跳舞者在別人眼中的正當

性，讓大家也覺得可以加入他的行列。畢竟他們是在參加音樂會，他們是來這兒跳舞的，大家都**想要**跳舞。隨著加入的人越來越多，整個情勢出現改變：跳舞**不再**是一件奇怪的事，最終所有人都跳起舞來。德瑞克最後總結，要發起一項行動，不只需要一位瘋子，還需要第一位追隨者。這個故事為我們如何定義能量手環的行銷願景，提供了靈感。

🎯 招募、集合、歡呼

該產品的行銷總監大衛・許萊伯（David Schriber）將計畫分成三部分：「招募、集合、歡呼。」頭兩個部分是取材自德瑞克的 TED 演說，「招募」是我們必須找到一批人，他們要十足勇敢，能夠率先從事引人側目的事情。不只如此，他們還必須具備領袖氣質，擁抱任何加入他們的人。我們列出一張潛在大使人選的名單，來自多個領域：運動、影片、音樂、舞蹈、遊戲。我們知道他們能夠在各自的領域，與他們的觀眾分享能量手環的體驗。

「集合」是將號召轉變成實際的行動。換句話說，「善加把握」必須要有行動的支撐，才算是成功的集合。在這個案例中，我們不只希望消費者購買能量手環，還希望他們分享日常活動的計分。我們深知，這個分享的動作是否能建立

友誼，或是引發激烈的競爭，端視消費者而定；而競爭本身就是產生動力的神奇催化劑。在遊戲、對抗與比賽等的推波助瀾下，運動本身也會隨之擴大，吸引那些並不在乎科技、只對行動感興趣的人加入。我們也會透過我們自己的社群媒體管道與主題標籤來深化共享，在我們零售空間的螢幕上顯示各項分數。好比說，你可以追蹤職業美式足球四分衛安德魯‧勒克（Andrew Luck）一天的訓練情況，看看自己是否跟得上。

「歡呼」並非來自德瑞克的演說，而是大衛自創的，意指慶祝。一旦有足夠多的消費者使用能量手環，我們就可以針對這些消費者提供與贊助專屬的活動，讓他們相互慶祝。

凱西是我們所招募的第一批人之一，他在製作「善加把握」的影片之前，曾拍了一部預告片，作為產品正式推出前的前奏。這部影片故意拍得含義隱晦，只是展現了一般人的日常活動，旨在建立「運動」無處不在的觀念。影片最後是紐約黃色計程車的背面，上頭滿是塗鴉，影射 Nike+。這個鏡頭也如我們所希望的，帶起一則謠言：Nike 將要推出新的穿戴式科技。這部影片也是我們的號召標語「善加把握」的一部分，這個標語在 2012 年的元旦成為推文次多的主題標籤，僅次於「＃新年快樂」。我們同時也邀請 130 位 Nike 的運動員，在推特上推文宣示自己的決心與目標。那是個奧運年，因此有很多相關的心願可述說。越來越多人紛

紛加入，在還沒意識到之前，就已形成運動。當然，凱西最為持久的貢獻，還是那部伴隨著產品正式發表的大作。他在該部影片中完美呈現了「善加把握」的精神，以及能量手環的承諾與力量。

然而，凱西的影片並非該活動的官方「廣告」，實際上旨在病毒式宣傳，是專為 YouTube 所拍攝的，目的是要透過社群媒體與分享來進行傳播。至於廣告片，我們是堅持凱西在其作品中所探究的想法，還有我們在這項計畫中所建立的概念，即運動並非由規則或遊戲所定義，而是由行動來定義。

這部廣告片的起源，是一部內部製作的氛圍影片，其中的片段顯示出，有一些活動是因為有在移動、因而算是運動，另一些活動則是因為沒有移動、因而不算是運動。這些短片都是摘自著名的電影、電視節目、YouTube 影片與運動報導。我們在尋找實際影片的同時，也必須維持一種整體感，然而這是一項艱鉅的挑戰。從法律與著作權的觀點來看，這可以說是我們自 1987 年借用披頭四的《革命》以來、最難製作的影片了。在這部影片中，有《印第安納瓊斯》（*Indiana Jones*）、綠野仙蹤、巨蟒劇團（Monty Python），以及電影《阿瑪迪斯》（*Amadeus*）等影片的片段。每一個場景的選取重點，都是在於片中角色的動作。還有動畫片大力水手（Popeye）、李小龍、《謀殺綠腳趾》（*The*

Big Lebowski）等大約幾秒鐘的片段。（附帶一提，片中的杜德〔Dude〕是沒有動作的範例。）這部大約長一分鐘的廣告影片，沒有一個鏡頭是原創的，全都是來自電影、電視、YouTube 或運動賽事，一切都被剪接成一部動感十足的行動蒙太奇。影片的結尾是「人生就是運動，善加把握」，接著出現的是能量手環的畫面，同時還有莫札特（由湯姆・哈斯〔Tom Hulce〕扮演，還戴著那頂著名的粉紅色假髮）為影片畫下完美句點。

我們的團隊日以繼夜地工作，以爭取使用這些代表性場景與角色的鏡頭的權利。但是，隨著時限逼近，我們卻找不到羅傑・希爾（Roger Hill），他是在 1979 年的電影《殺神輓歌》（*The Warriors*）中扮演賽勒斯的演員。有鑑於他在該部電影中最著名的台詞：「你能計數嗎，蠢蛋？」（Can you count, suckas?）是本部影片的開場，旨在開宗明義地闡述計數的概念，因此我們並不考慮將他從影片剔除。所幸，在大限臨頭時，某人找到了希爾，他已轉業成為圖書館員，我們最終得到他的同意。

我們邀請吉米・法倫擔任主持人，盛大推出該部影片，同時也正式發表能量手環。（我真的是在活動揭幕前一小時，才得以用我的手機查看最終版的影片。）在發表會進行的同時，幾分鐘內，就在線上賣出首批上市的數千套能量手環。沒過多久，所有的手環售罄，我們需要數個星期的時

間，才能在市場上補貨——這是一個值得高興的問題。運動就此建立。

🎯 拉近距離歡呼

我們招募、我們集合，現在到了歡呼的時候。我們希望發出最具震撼力的歡呼，而我們覺得，最有機會達到這項目的的時機，是在德州奧斯汀的西南偏南大會（South by Southwest Conference，簡稱 SXSW）。這座德州城市擁有廣大的跑步社群，更別提還有 SXSW，除了是科技大展，同時也是音樂節。我們的活動主體是一座未來式的戶外運動場：這是將運動與音樂表演融爲一體的空間，還有能量手環親身體驗的加持。

我們在運動場的中央設立長達一百英尺的電子看板，就建在人行道上。電子看板會顯示「能量串流」，這是我們進行的各項競賽的成績排行榜，由大會的出席者戴著能量手環來供給能量。看板也會顯示我們預定舉行的各項活動，包括下一場運動鞋發表會將在何時舉行。這座電子看板最引人注目的地方，是能回應會場的動態。如果看板前面沒有任何東西在移動，它會變成紅色，但若有人從前面經過，看板就會隨著人們的移動，由橙色逐漸變成黃色，再變成綠色。色

調的變化是看行動的速度而定，例如一人在看板前面緩步前行，看板會是橙色的，但如果是短跑運動員從前面奔跑而過，就會變成綠色。隨著訪客了解到其中的奧妙，就可以透過行動來操縱顏色的變化，十分有趣，同時也符合我們鼓勵運動的目的。大家玩得不亦樂乎。

壓軸大戲是我們的室內音樂會，也能反映人群的動態。現場的牆壁可以依據群眾的行動來變換顏色，由紅變綠。我們邀請了女生悄悄話（Girl Talk）、超級雷射光（Major Lazer）與雪橇鈴樂團（Sleigh Bells）上台表演，隨著他們帶動觀眾雀躍不已，整個會場紅綠不定，有如一棵聖誕樹。從戶外也可以看到這些景象。我們在會場旁邊，全市最高的建築霜之塔（Frost Tower）設計了一套燈光系統。當音樂會場內的觀眾手舞足蹈，引發牆壁燈光顏色的變化，燈光系統就會將這番景象複製在霜之塔上。整體效果看起來就像是霜之塔也在跳舞，紅光、黃光、橙光與綠光閃耀不定，人們在幾英里外，都可以看到這場燈光大秀。

我們用來「歡呼」的最後一個元素稱不上很新穎，但其所產生的慶祝效果並不亞於我們為能量手環所設計的。在此一活動之前，我們要求 Nike 的服飾部設計一款 T 恤，胸前印有以 Nike Futura 字型所寫的：「I'M WITH THE BAND」＊。

＊ 譯注：意為「我與手環／大夥／樂隊同在一起」。

這件 T 恤的概念，就是整個活動體驗的驅動力。這個雙關語意味著，如果你戴著能量手環，就能參與手環會員的所有活動，當然，包含 SXSW 的音樂遊戲。手環會員也能擁有特定餐點、後台通行權、酷炫贈品、與名人和運動員近距離接觸的特權，最重要的是，不必排隊。如果你有能量手環，就能成為會場貴賓。身著這件 T 恤的來賓，可以觀賞我們的電影、音樂表演、藝品展覽。每一個場地都有顯著的告示，上面寫著「與手環同在一起」，而且你可以從後門進去，待在我們的大型戶外場地「綠屋」。

SXSW 在 3 月 18 日結束。我們為我們的數位牆拍了最後一張照片，上面是能量手環的畫面，並搭配一個字：「目標」，然後閉幕。一位評論家推文寫道：「Nike 贏了 SXSW。不是科技公司、不是手環，是 Nike。」

🎯 提供目的

好的品牌會創造值得記憶的時刻，偉大的品牌則是創造運動（movement）。但是，任何運動都需要從一個具有遠大抱負的願景開始。我們要達成的成就是什麼？換句話說，有鑑於品牌運動是與產品連結，因此問題應是：我們希望產品達到什麼成就？不是**做到**，而是**達到**。它能促進什麼？它

能如何改善消費者的生活？找到這些問題的答案，你就為你的運動找到了願景。

行銷人士往往只專注於產品能做什麼，卻忽略了它的目的。它擁有最新的科技，它有最完善的結構，它有最棒的引擎，它有最好的介面。這些可能都是事實，但是，對於一位只想了解基本面的人來說，這些優點說了也等於沒說：這項產品能提供我什麼幫助？如果它對一個人有助益，就意味著它對許多人都有幫助。但是，不要就此滿足。不能只讓一位消費者成為這項產品的喜愛者，而是要協助他去影響其他人。你要積極、有目的地圍繞著產品來建立事業。

從一人到多人。從一個瘋子——或一位大使——變成整個舞蹈節慶。從一位勉強的跑步者，到整個城市加入他的行列，以勝利者的姿態登上費城藝術博物館的台階。運動是由社群所領導的，當成員相信他們是在從事一個目的崇高的活動，相信他們所做的不僅能夠幫助自己，同時也對周遭的每個人有所助益，運動就會蓬勃發展。大家會共享進步的成就感，促進我們釋出潛力與堅持不懈的動力。

發掘你的產品的潛能，你便能幫助消費者發掘他們自己的潛能。

「提倡運動」的原則

1. 宏大的未來

運動的目的是改變。這個目標必須是可達成的，同時也需放膽去做。畢竟，勇往直前遠比卻步不前要激勵人心。這個目的應讓追夢人起而行，懷疑論者嗤之以鼻。你要的就是這些追夢人，就讓懷疑論者繼續窩在沙發裡吧。

2. 行動的催化劑

運動需要一位激勵人心、具有魅力的領袖。這位領袖必須與運動本身具有關聯性，扮演發起行動的角色。作為品牌，你的消費者必須要能感受到領袖所帶來的激勵作用，同樣重要的是，他們也會視自己為能夠影響別人的領袖。

3. 賦予權力的工具

成功的運動需要有賦予權力的工具，也就是用以達成宏大目標的途徑。有太多品牌往往認為技術上的

優勢就足以吸引消費者。雖然消費者也關心產品的內容，但他們更在意產品能為他們做什麼。

4. 運動需要時機

善用時機與地點，讓人們看到他們也是某項事物的一分子，意義重大，也有助發展。他們剛開始時孤單無伴，心存夢想卻無從實現。現在，他們則是某項宏大重要事物的一分子，也將因此而變得更好。

EMOTION
by
DESIGN

第八章

拉近距離

2016 年 7 月 13 日，NBA 球星卡梅羅・安東尼（Carmelo Anthony）、克里斯・保羅、德韋恩・韋德與勒布朗・詹姆斯為年度卓越運動獎（ESPY）頒獎典禮揭開序幕，這是該典禮有史以來最強大的時刻之一。

「幾個世代以來，傑西・歐文斯（Jesse Owens）、傑基・羅賓森（Jackie Robinson）、穆罕默德・阿里、約翰・卡路士（John Carlos）與湯米・史密斯（Tommie Smith）、卡里姆・阿布都─賈霸、吉姆・布朗（Jim Brown）、比莉・珍・金（Billie Jean King）、亞瑟・艾許（Arthur Ashe），還有其他無數的傳奇人物，為我們設下了運動員的典範，」保羅說道，「所以我們選擇追隨他們的足跡。」

促使這四位運動員站上洛杉磯微軟劇院（Microsoft Theater）舞台的，是一場對美國黑人不公不義的危機。在前一個星期，奧爾頓・史特林（Alton Sterling）與費蘭多・卡斯蒂利（Philando Castile）分別遭到警察射殺，引發全國示威抗議。這是一個當務之急的議題，不過還有其他的議題，即是幾個世紀以來、更深層的悲劇不斷上演，使得美國社會一直無法走出傷痛。

「整個制度已經崩塌，這些問題並非新的問題，暴力也時時存在，種族分裂更不是一個新問題，而改革的急迫性現在已達到有史以來的最高點。」安東尼說道。

他們一位接一位地談到，運動員在這場持續不斷的危機

中所應扮演的角色，以及他們該如何站出來幫助其他深有同感的人發聲。

「我們今晚在此紀念史上最偉大的運動員穆罕默德・阿里，」詹姆斯說道，「我們需要以嚴正的態度來看待他的遺緒，讓我們利用此一時刻來呼籲所有的職業運動員自我教育、深入探討這些議題、大聲說出來、運用我們的影響力譴責所有的暴力。更重要的是，返回我們的社區，投資我們的時間、我們的資源，幫助他們重建、幫助他們成長、幫助他們改變。我們必須要做得更好。」

我們的確應該如此。我看著這四位美國黑人追隨我一輩子所景仰的人物阿里的腳步，感動莫名。我當時才當上 Nike 行銷長兩個月的時間，我聆聽他們的發言，突然感受到其中的急迫性，但同時也勇氣倍增。急迫性，是因為這些運動員為每個人設定了必須起而行的挑戰。正如 Nike 過去一直在做的，現在已到了壯大運動員聲音的時候，讓大家聚焦於美國黑人的奮鬥與系統性種族歧視的遺害。時機就在眼前。

然而，我同時也受到鼓舞，因為我在那一刻充滿了捨我其誰的責任感，或者該說是重新發現，這原本就應是我的責任。Nike 向來會利用其聲音在美國與全球發揚正義的力量，但是，比起以往任何時刻，此時更需要能在推動變革中發揮領導作用的人物。現在，這四位運動員提醒我們，已到了採取行動的時機，而且刻不容緩。

這個與運動有關的議題就擺在我們面前。運動與種族不公有何關係？這兩個概念的相關之處在哪裡？答案就在安東尼、保羅、韋德與詹姆斯身上。他們挺身而出，爲無法捍衛自己的人發聲。他們是運動員，四位最偉大的球員。他們告訴我們，這個議題與運動有著密切的關係。就在此刻，我決定以他們的榜樣作爲動力，在運動中發掘更爲深刻的見解，揭露我們社會中殘酷的眞相。

毫無疑問的是，在年度卓越運動獎典禮上這些演說的鞭策下，我和團隊在接下來的那一天與之後的許多天，都在思考如何接受這項挑戰。

我們聽到要求我們領導的呼聲，Nike 當仁不讓。現在已到採取行動的時候。

🎯 站起來，說出來

2004 年 10 月，西班牙國家足球隊教練路易斯・阿拉貢內斯（Luis Aragones）當著眾多記者與攝影組的面，爲他的球員打氣。他說道：「告訴那個黑鬼，你比他好多了。別退縮，告訴他。告訴他是我說的。你必須相信自己，你比那個黑鬼好多了。」阿拉貢內斯所指的那位球員，是法國國腳蒂埃里・亨利（Thierry Henry）。

不幸得很，種族歧視在國際足球界向來不是什麼新鮮事，球迷往往是最惡劣的攻擊者。甚至還有一個名詞，用來表示某些球迷對敵隊黑人球員的侮辱與謾罵：他們稱為「猴子歌」（monkey chants），因為有些球迷會學猴子的叫聲。與此同時，球員之間的種族歧視也日益嚴重，前幾年發生了好幾次衝突，都是其他球隊的球員與教練稱黑人球員為黑鬼。阿拉貢內斯對亨利的侮辱，終於使得這位法國球員認為「夠了就是夠了。」

　　這也正是 Nike 介入的時候。

　　Nike 與亨利合作，於 2005 年 1 月在全歐洲發起「站起來，說出來」（Stand up, Speak up）的運動，旨在對抗危害足球運動多年的種族歧視文化。其他如里奧・費迪南德（Rio Ferdinand）、韋恩・魯尼、羅納迪諾、C 羅以及阿德里亞諾（Adriano）等球員，也都加入此一運動。該運動的核心是三十秒的影片，影片中，亨利與其他球員一個接一個依序拿起標語牌，上頭寫道：

　　　「我熱愛足球。」
　　　「我熱愛挑戰。」
　　　「我熱愛，」
　　　「射球入網的聲音。」
　　　「球迷雀躍歡呼的聲音。」

「但是，」

「我們依然受到折磨，」

「因為我們的膚色。」

「我們需要你的聲音，」

「趕走種族主義者。」

「不論你在何處聽到他們，」

「都要說不。」

接著，是整部影片唯一的說話聲：「站起來，說出來。」

該影片的核心思想，是針對「沉默的大多數」的非種族主義者，他們熱愛美麗的比賽（足球），不論球員的種族為何。他們也厭惡那些種族歧視的冷嘲熱諷。這部影片就是瞄準他們，告訴他們，球員、包括全球最棒的球員，都與他們同在一起。要拯救他們的足球，就必須起來戰鬥。他們不會孤軍奮戰，亨利和其他球員會與他們同在。這部影片是以五種語言拍攝，播出遍及整個歐洲大陸。

然而，如我們在第七章所見，運動的推行不能只靠一部廣告。我們必須做得更多，才能釋出沉默大多數的力量，改變足球。這也正是我們選擇出售黑白相間的腕帶的原因，腕帶上印有「站起來，說出來」的句子。出售腕帶的收益會投入「站起來，說出來」基金會，該基金會是捐款給歐洲慈善機構與非營利組織，以對抗各項運動中的種族主義。許多球

員都會戴著這款腕帶出賽，不過短短幾年的時間，這款腕帶就賣出五百萬支。

我當時是 Nike 全球品牌設計部的副總裁，負責足球和其他運動的品牌識別元素與體驗的全球規劃。「站起來，說出來」運動深深影響了我，有關我往後透過運動來推動社會與文化變革的方式。那部影片成效卓著，主要因為它是直接與球迷對話，引導他們參與運動，敦促他們採取行動。整個運動的概念，是種族主義已傷害了這些球迷所深愛的足球，而球員需要他們的幫助來對抗種族主義。運動中的種族歧視大都是發生在幕後，不是在球場上，球員也只能逆來順受。這部影片則是向球迷揭露足球的真實面：有色人種球員所受的待遇，往往不如其他的球員與教練。「美麗的比賽」也有醜陋的一面。作為一門生意，歐洲足球業界不可能不顧他們的客戶。如果顧客要求變革，他們必然會做出改變，參與遍及歐洲的反種族主義運動，幫助恢復美麗的比賽。

這些經驗有助 Nike 回應上述四位球員，在年度卓越運動獎典禮上所提出的課題。

推動世界前進

「站起來，說出來」運動與其他類似的運動，都為

Nike 持續推動「運動中的平等」奠定基礎，尤其是 1995 年的影片「如果你讓我去運動」（If You Let Me Play），這支影片旨在鼓勵女孩積極從事運動。換句話說，我們在相關領域的作為早已開始。其實，在年度卓越運動獎典禮之前，我以 Nike 行銷長的身分在法國巴黎首次召開異地會議，來自 Nike 全球各地據點、各類運動與行銷部門的品牌領導人全都出席了會議。會議的時間正值勒布朗的騎士隊與金州勇士隊爭奪 NBA 總冠軍。該系列的第七戰是在巴黎時間凌晨一點開打，我和團隊熬夜觀看這場賽事。這場比賽最後是騎士隊獲勝，勒布朗以其後來被稱作「那記火鍋」（the Block）的精彩表現奪得勝利，名留青史。在比賽距離結束剩下不到兩分鐘時，勇士隊前鋒安德烈‧伊古達拉（Andre Iguodala）搶到籃板，直奔籃下，看來會是一次輕鬆的上籃。然而，勒布朗卻從後場追上來，以驚人的速度與敏捷度，給了伊古達拉一記火鍋。騎士隊最終為克里夫蘭贏得自 1964 年以來的首座 NBA 冠軍獎盃。

在騎士隊贏得冠軍的啟發下，我接連好幾天起了大早，修改我在會議上的講稿，將這場比賽的幾個精彩時刻納入其中。想必讀者已經知道這點，我喜愛從運動中引用領導的範例，而那場比賽就是絕佳的教材。我的演講也自其他地方得到一些幫助，那天上午我們在社群媒體上貼出一幅勒布朗青少年時期的影像，那是一幅黑白照片，印有「始終相信」

（Always Believe）的字句。

也許是因為我們目睹一場可載入史冊的比賽所帶來的興奮感，促使我們在異地會議上，決定加強 Nike 在故事敘述中推動平等的努力。我們要以運動作爲載具，帶領眾人和社區看到運動與美國追求平等的融合。於是，自那天上午的演說開始，「推動世界前進」（Push the World Forward）就成爲我們內部的號召行動口號，也是我們行銷品牌計畫往後最爲強調的重點區域。它成爲我們的目標聲明，我們會不斷地回頭檢討，確保我們沒有辜負期望。

接著，就發生了史特林與卡斯蒂利槍擊案，整個美國爆炸了。

◎ 原因

2016 年 7 月 7 日，進入威頓與甘耐迪公司的網站，想查看該廣告公司得獎作品的人，會發現一篇黑底白字的文章。內容寫道：

爲什麼你的黑人同事今天看來痛苦不堪……
爲什麼你的黑人同事今天看來悲傷無比……
爲什麼你的黑人同事今天看來特別沉默……

我們正在處理。

我們自問怎麼辦。

我們身心受創，因為有如看到我們自己遭到槍殺。

我們告訴自己，「不要因此活在恐懼之中，不要任由它讓你充滿恨意。」

但我們擔心我們的生命、我們家人的生命、我們朋友的生命。

我們感到憤怒，抗議沒有用。為什麼錄影沒有用。

我們既困惑又矛盾，我們同情這名男子與他的家庭，同時又鄙視這個世界似乎不夠關心。

我們憎恨警察，但是也告訴自己，「你不能恨所有的警察。」

我們想知道那個片刻間沉默的意義。

我們想知道自己今天能否安然返家。

我們想知道該怎麼做，怎麼做，怎麼做。

僅供參考，並非博取同情。只是承認這個事實，因為它應該受到承認。#AltonSterling

這篇文章是威頓與甘耐迪公司的文案寫手卡文斯·肖華（Kervins Chauvet）所寫的，他是黑人。他後來解釋原因：**10**

「我早上醒來，心頭沉重無比，對問題的無解備感壓力，心中的憤怒是沒有與我共享黑色素的人所無法理解的。

這種複雜的情緒讓我既生氣又無奈。就像我們許多人在當天早晨的情況，我帶著這樣的情緒沖澡著衣，帶著這樣的情緒搭車上班。帶著這樣的情緒坐在桌前，打開筆記型電腦，盯著螢幕。該怎麼做？這可能是我所寫過最重要的文章。」

肖華這篇文章原本僅限於威頓與甘耐迪公司內部傳閱，然而，丹·威頓認為這篇文章代表了整個公司的立場，於是將它貼上網站，唯一的更動是將主題標籤改為 #blacklives-matter（＃黑人的命也是命）。這篇文章就是後來著名的「原因」（The Reason），在社群媒體與所有媒體上引起熱烈討論，甚至連《華盛頓郵報》（*Washington Post*）在隔天也針對這個議題寫了一篇文章。**11**

在史特林與卡斯蒂利遭到射殺、引發多週痛苦且混亂不堪的情勢期間，該廣告公司率先提出當時最為強而有力的訊息，對於跟該公司合作關係不夠密切（或根本就沒有任何關係）的人來說，儘管值得讚賞，但也令人感到意外。然而，對於我們在 Nike 的人而言，威頓與甘耐迪公司在推動公義上總是一馬當先，這乃是意料中事。過去一年來，丹·威頓與他的團隊透過一系列「無畏對話」的研討會，一直在尋求改善職場不平等對待的問題。更重要的是，該公司經常主動對 Nike 提出，關於在運動中如何維持公義的想法。影響所及，這些概念成為 Nike 在里約熱內盧夏季奧運期間一項活動的靈感，最終幫助 Nike 在一年後推出所謂的「平等」運動。

🎯 團結，不信極限

人民，人民

我們人民要你知道

無論你去何處，我們都會在你身邊

　　在星條旗之歌的回聲下，饒舌者錢斯（Chance the Rapper）這首《我們人民》（We the People）是 Nike 用來搭配影片「團結，不信極限」（Unlimited Together）的主題曲。影片中，美國男子與女子籃球隊的影像投射在市區的建築物上，錢斯吟唱這首靈魂頌歌，歌詞引用自常見於美國傳統掛毯上的片語，唱出迎接挑戰與傳達團結的訊息。這首歌曲振奮人心，同時也提醒美國人民，許多值得讚揚的成就，在許多「我們人民」眼中仍是幻覺。美國籃球隊就代表這樣的主題——運動在社會網絡中扮演的角色——由此彰顯所有膚色的美國人民仍是站在一起，我們仍要一起打球。

　　「團結，不信極限」的籌劃工作是在年度卓越運動獎典禮之前，但是，推出時間則是在前述四位運動員呼籲變革之後沒多久，時機真是再完美不過。我還記得在籌劃初期，我一心所想的是，不論我們在這場對抗不公不義的鬥爭中是如何發聲，都需要突破傳統；光靠美國偉大的傳統概念是行不

通的。我們其實可以在熱愛美國所代表的事物的同時，號召更多的美國人民站出來。

在籌備之初，還沒有影片與劇本的時候，我首次聽到饒舌者錢斯這首歌曲的原聲。歌聲清澈。我們不需要再去尋找其他的歌曲了。在我們創意團隊所發展的所有概念中，錢斯充滿感情和希望所唱出的《我們人民》正是我們需要的。威頓與甘耐迪公司的紐約辦公室創造出「團結，不信極限」的構想，這也是首次集結美國男子與女子籃球隊的影片。該影片的概念是受到 Nike 之前兩支廣告的啟發，在音調上是來自馬文・蓋（Marvin Gaye）2008 年的《我們團結奮起》（United We Rise），在視覺上則是來自 1991 年的 Nike Air 180 廣告。但是，是錢斯賦予了這部影片靈魂。他的歌詞正是我們在這項活動中所需要的主調，更了不起的是，這是錢斯的初試啼聲之作。

🎯 改變即將到來

第 59 屆葛萊美獎是在 2017 年 2 月 12 日舉行，向全國轉播。典禮的前幾天，我在柏林出差。我在會議的空檔之間，都是一頭埋進我的手機，審查一部新剪輯的 Nike 影片，這是我們針對四位運動員於八個月前在年度卓越運動獎

典禮上發出挑戰的回應。我們之所以選擇葛萊美獎典禮作為發表時機，是因為這是接觸運動界之外廣大群眾的絕佳機會。這部新影片所敘述的故事，必須能堅定地發出 Nike 的心聲。當時的美國正處於最艱難的時刻，去年夏季的暴動令人餘悸猶存，而現今的總統大選更是造成全國分裂，使人不禁懷疑美國的立國基礎是否已然崩塌。

這趟旅程——七個月來製作影片的歷程，是我事業生涯中最為興奮、最觸動心弦的經歷之一。在籌劃之初，我們腦中浮現去年夏季的景象，心中激動不已，我們看到一個被種族紛爭撕裂的國家。是的，全球最偉大的四位籃球員，在年度卓越運動獎典禮上站出來對抗種族不公，但是，Nike、威頓與甘耐迪公司卻不能將我們的故事侷限於籃球——它必須與運動有關，必須是所有的運動形式，必須具有各種不同的表現方式與文化影響。

1994 年，南非結束惡名昭彰的種族隔離政策，人民選出曾經被監禁 26 年的尼爾森・曼德拉，擔任這個終於統一的國家的總統。然而，南非僅是名義上統一，許多黑人尤其憎惡國家橄欖球跳羚隊，因為這項運動在歷史上就是專屬南非白人所有。1995 年，南非是橄欖球世界盃主辦國，然而令許多黑人與白人感到驚訝的是，曼德拉全力支持跳羚隊。曼德拉先於其他人所看到的，是這屆世界盃與橄欖球的運動，正是促成這個國家統一的契機。他拋開數十年來的仇

恨，擁抱這個團結一心的球隊與國家。他敦促他的支持者要記住，他不是半個國家的總統，而是整個國家的總統，包括跳羚隊的球員。這就是運動的力量，這就是運動為人民與社會帶來魔法的神奇之處。南非這個國家在球場競爭之外可能是分裂的，但在球場之內，南非就是一支團結一心的球隊，不論輸贏，都是一支球隊。

南非最終贏得那屆世界盃冠軍，舉國歡騰，不論是黑人或白人，都在街頭大肆慶祝，由此更加彰顯曼德拉的力量與智慧。他後來說道：「運動擁有改變世界的力量。它擁有激勵人心的力量，能夠以獨有的方式讓人們團結在一起。它能道出年輕人的心聲。運動能為絕望之地帶來希望。它比政府更能夠打破種族的藩籬。它能戰勝所有形式的歧視。」

然而，我們必須回答的是**為什麼**。為什麼運動擁有這樣的力量？曼德拉是如何看到契機，以一場賽事來統一他的國家？當我們思索這個問題時，我們發現，運動世界——這個在運動場內進行的活動，在某些關鍵方面，類似我們的現實世界：紀律、辛勤工作、奉獻、才能，還有最重要的，我們必須遵循一套規則，以確保比賽公平。但是，運動世界的這個特質，真的有延續到我們的現實世界嗎？在某些方面，是的，但在其他許多方面，並非如此。我們期待在運動中人人平等，難道我們不應該對社會也抱有這樣的期待嗎？

這就是我們提倡「平等」運動的主旨。這部影片並不是

對單一事件的回應，例如去年夏天的槍擊事件。這些悲劇性的死亡事件，促成了美國追求種族平等的努力。這是一個可以回溯幾十年的故事，與運動息息相關，尤其是那些為平等與包容而奮鬥不懈的黑人運動員。

有鑑於此，我們的創意團隊汲取「團結，不信極限」與其主題曲相得益彰的成功經驗，選擇了山姆・庫克（Sam Cooke）的《改變即將到來》（A Change Is Gonna Come）來搭配這部影片。饒舌者錢斯的《我們人民》是熱誠呼籲這個國家繼續依循其建國理念。《改變即將到來》則是強而有力的，對於那些受到傷害的人而言，這是一首希望之歌；對於那些造成痛苦的人來說，則是一個警告。

已經好久，等了好久
但我知道改變即將到來

庫克的歌詞並非哀悼過去，而是宣告未來。影片中，著名的艾莉西亞・凱斯（Alicia Keys）以歌聲賦予了這首標誌性的民權歌曲生命。我們接下來將焦點放在文字上，即是我們要傳達有關平等的訊息。這些文字必須植基於運動之上，同時也要能感動依循或以前曾依循不同規則的人。它必須要明白宣示我們為何會以運動為出發點、其意義與力量何在——卓越、競爭，還有最重要的，公平。這些特質必須超越

球場或運動場，進入我們的世界。在文字確定之後，我們決定以演員麥可‧B‧喬丹（Michael B. Jordan）的聲音來傳遞這個訊息：

「這裡，在這些線內，在這個水泥球場。在這塊區域，你是根據你的行動來定義。不是你的外貌或信仰。平等應是沒有界線的。我們在此的連結應超越這些界線。機會應是沒有歧視的。人人平等。價值應該超越膚色。」

在導演梅琳娜‧馬特索卡斯（Melina Matsoukas）與攝影師馬利克‧賽義德（Malik Sayeed）等專家的編排下，觀眾眼中出現一座城市籃球場的黑白影像，場內的邊線正透過噴漆罐向外延伸，旨在向去年夏季抗議行動所定義的街頭行動主義致敬。有一個人站在場邊注視年輕人打球，他是勒布朗。畫面轉到網球場，我們看到小威廉絲。影像接著又轉換成足球場與梅根‧拉皮諾（Megan Rapinoe），然後是凱文‧杜蘭特（Kevin Durant）、德萊拉‧穆罕默德（Daliah Muhammad）、嘉比‧道格拉斯（Gabby Douglas）與維克多‧克魯茲（Victor Cruz）。同時，還有幾座典型的美國建築穿插其間：市中心的教堂與法院。

由噴漆罐所畫的線條，一路由球場延伸到街道與人行道上，直入社區，橫跨全國——凸顯出規範公平競爭的規則，

也應用於規範我們的生活。喬丹指著運動場說道：「如果我們在這兒是平等的……」勒布朗接著說道：「……我們在任何地方都能平等。」然後，是艾莉西亞觸動心弦的歌聲：「改變即將到來。是的，它一定會。」

這部影片是與葛萊美獎典禮同時推出，在全球播放，從而發起了一場從這兒開始、但並未就此結束的全球運動。在播出的當天晚上，Nike 將其所有社群媒體的頭像改成顯示「平等」的黑底白字，同時也以若干產品來傳達這項訊息，包括以 Nike Futura Extra Bold 字體印刷的「平等」（Equality）一詞的 T 恤（全都是大寫字母）。有鑑於這是一項關於宗旨的聲明，因此在「平等」之後還加了一個句號。

第二年，勒布朗也親身投入這個提倡平等的運動。2018 年的一場比賽中，他的雙腳甚至分別穿了一支黑色與一支白色的限量版球鞋，兩支球鞋的後跟都繡製了「平等」的字樣。勒布朗為這場運動做出強而有力的總結：「籃球是我們的媒介，平等才是我們的使命。」

到目前為止，我們在本章看到的，都是以影片作為媒介來引起共鳴的案例。但是，如我們在別處所見，影片並非唯一鼓動情緒、引發行動的方式，Nike 在善用環境與產品來打造公平競爭等方面，也取得了重大成功。

行動中的同理心

2010 年，世界盃足球賽在約翰尼斯堡舉行，全球焦點都集中在南非這座美麗（同時也極為窮困）的首都身上。在南非，幾乎每日都有 35 萬名孩童在踢足球，然而其中許多人都缺乏生活必需品，更別提能讓他們安心踢球的設施與場地了。除了貧窮之外，南非也是全球愛滋病感染率最高的地方。因為如此，我們在為 Nike 籌劃世界盃的活動時，注意力自然就集中在這些不足之處與問題上。我們要的不單單只是慶祝這場全球足球盛事，我們看到了讓全球注意南非百廢待舉困境的契機。我們同時也想深入接觸南非群眾，了解他們的世界與他們的需求。

在了解這個國家與城市所處的困境之後，我們自問：該如何利用足球，來幫助南非年輕人改善他們的教育與對愛滋病的防範？經過多方會商後，我們決定從與紅色計畫（Project Red）合作著手，該計畫旨在透過其他品牌來打擊愛滋病。我們的合作成果，是發起一項名為「繫上鞋帶，拯救生命」（Lace Up Save Lives）的活動。當全球某處的某人買了一雙（Nike 的）紅色鞋帶，Nike 就會將這筆錢捐給支持南非教育與醫療的計畫。該計畫同時也獲得多位運動大使的支持，包括傳奇性的足球明星，來自象牙海岸的迪迪埃・德羅巴（Didier Drogba）。

不過，我們在進一步了解南非人民真正的需求後——尤其是年輕人，他們的運動場地（如果有的話）都是硬土的，而且往往是在不安全的地方。因此，我們決定擴大計畫的規模。為了提供南非孩童可以安心踢足球的地方，我們在索韋托（Soweto）設計並建造了一座 Nike 足球訓練中心。我希望我們的努力從一開始就能爭取當地社區的參與，以確保該座中心能符合南非真正的需求。

然而，光是設計機能型的結構還不夠。當地社區所期望的，不僅僅是如此而已；他們希望這座索韋托中心能成為社區的精神寄託所在，實現年輕人的夢想。因此，故事的敘述也成為建築與環境的一部分，為這個空間注入感情和文化歷史感。Nike 於是與索韋托當地的藝術家合作，汲取全球富有傳奇性的足球俱樂部故事，為這座中心營造歸屬感與目的感，讓它成為社區樂於參訪、感到驕傲的地方。

落成之後，索韋托中心每年為兩萬名年輕的足球員提供協助。今天，這座中心的功能已超越足球，成為一座多功能的訓練機構，也從事提倡南非女性參與運動的事業。該中心現有一座跑道、一座溜冰公園、一間舞蹈教室，還有多間工作室，以推動索韋托創意社區的概念。這是一個積極創意合作的範例，由此可以理解運動、教育與醫療之間的相互協調合作，能夠如何幫助振興資源短缺的社區。

藉由設計來創造社會影響力，不僅適用於建築，也可以

應用於產品創新上。Nike 最近開發的運動專用伊斯蘭頭巾（Pro Hijab）就是一個看見、聽見與理解需求，然後做出突破的例子。不久之前，運動員根本就沒有運動專用的伊斯蘭頭巾，甚至在奧運上也沒有。當擊劍運動員或拳擊手戴著傳統布料的頭巾比賽，頭巾被汗水浸濕後會變得僵硬，不但會造成運動員的不適，還會妨礙聽覺。此外，頭巾也無法與制服相互搭配，可能會進一步影響運動員的表現，從而為對方帶來不公的競爭優勢。

Nike 的設計師在聽取這些運動員的抱怨之後，設計了一款材質較輕、較為柔軟、呼吸較為容易的頭巾。德國拳擊手澤娜・娜薩爾（Zeina Nassar）在戴著這款頭巾比賽後表示：「突然之間，我不但聽得見，而且也不像以前那樣悶熱了，它就像是我的身體，能夠自動快速冷卻。」

雖然這些同理心行動與困擾美國的種族不公問題沒有直接的關聯性，但是，對於理解品牌如何因應這個世界上尚未被看見與滿足的需求方面，同樣具有影響力。

回歸原點

2011 年 2 月，Nike 這些年來所建立的多個員工網絡之一，Nike 黑人員工網絡（Black Employee Network）舉行

首屆運動鞋舞會（Sneaker Ball）。由於 2 月是黑人歷史月（Black History Month），Nike 黑人員工網絡希望藉此慶祝黑人文化、社會變革與運動之間的融合。運動鞋舞會就此誕生。在這個活動中，我被長期以來的喬丹品牌行銷傳奇人物霍華德‧H‧懷特（Howard H. White）叫上講台。霍華德是要頒發「H」獎給我，這項以他命名的榮譽，主要是頒發給對 Nike 黑人員工卓有貢獻的領導人物。對我而言，這項榮譽是一種回歸原點的圓滿，回想我十九年前進入 Nike 時，是首屆少數族裔計畫的創始成員，而在 1992 年的夏天，我成為圖像設計團隊唯一的黑人成員。我在 Nike 的旅程尚未結束，不過，從同事手中接下這項榮譽，是我事業生涯中最值得紀念的時刻。

在我的 Nike 事業早期，除了設計的工作之外，我也是 Nike 黑人歷史月海報設計團隊的成員之一；早於大部分品牌，Nike 多年前就已決定開始慶祝這段特殊的時期。這些海報並不是圍繞運動明星的那種以運動為中心的常見海報，它們在設計上更具藝術性，在目的上則是更具反思性。例如，1996 年的海報是一個褐色人像，背景是黃色的，這只是海報的上半部，下半部則是此一圖像的反射，人像變成黃色，背景則為褐色。「平等」、「和平」、「公義」與「融合」等字眼滿布海報，有的是正向，有的卻是倒過來，由此凸顯任何一項議題都有正反兩面的看法。這些海報不僅張貼

在公司內部，同時也分發到學校、機構與出版界，旨在促進黑人社區相關議題的討論與重視。

製作這些海報只是提供給我許多機會的開始，這些機會有的是不請自來，有些則是我爭取而來的。不過，這些議題並未止於球場或運動場，也未止於辦公室的門口。當我加入 Nike 之初，多元（Diversity）、公平（Equity）以及共融（Inclusion）的觀念才剛開始成為美國品牌文化的一部分。雖然各品牌的多元化程度不一，但我已意識到我在 Nike 中的角色將有所改變。隨著我的職位逐漸上升，我發現自己的影響力開始及於招聘與僱用的決策，於是，我決定加強黑人在行銷部與設計部的代表性。不過，我並非僅靠一己之力，我也沒有學會光憑自己就能創建一支多元化團隊的領袖知識。我獲得幫助，而且是許多幫助；我與我的團隊在反映消費者需求方面取得的任何成就，都要感謝那些啟發我、與我合作的人。尤其要感謝三位領導者幫助我創造改變。

潘蜜拉・內弗卡拉（Pamela Neferkara）解放了我的領導潛能。作為喬丹品牌行銷組織的高階主管，潘蜜拉厥功甚偉，將 Nike 與消費者間的關係移轉至線上平台，如今此一業務幾乎已完全屬於線上平台。她同時也把身為罕有的黑人女性高階主管的視野，帶入每日的工作之中。我與潘蜜拉結識後，她要我加入 Nike 黑人員工網絡的顧問小組，我最初拒絕了，理由是工作繁重，無法分身。不過，其實我內心是

在懷疑以我混血的身分，提出的意見是否會受重視。然而，潘蜜拉才不吃這一套，在她鍥而不捨的遊說下，我最終接下了這個重擔，就此領導 Nike 行銷人與設計師的黑人社群長達十五年之久。

傑森・梅丹（Jason Mayden）則是把我推上舞台。傑森是才華洋溢的設計師，同時也是演說高手，擅於激勵人心，可說是 Nike 黑人員工網絡的發電機，他幫助這個網絡進行創意重塑，使其達到新高水準。我和他的友誼是建立在我們對「甜蜜科學」、也就是拳擊的熱愛上。後來，我進入 Nike 黑人員工網絡的顧問小組，傑森經常要我舉辦活動，擔任主持人，站在觀眾面前，例如一年一度的運動鞋舞會。他會以我無法拒絕的方式提出這些「要求」。有時，他也會引用馬丁・路德・金恩的名言來潤飾我的開場白。傑森的才能，使我相信這是我應該站出來承擔的責任與使命。這是來自偉大激勵者的禮物。

喬納森・強生・葛瑞芬（Jonathan Johnson Griffin）則是幫助我提升我的才能。1990 年代中期，黑人歷史月海報成為我們為慶祝與紀念美國黑人所做的唯一工作，後來我們的事業範圍有所擴大，例如推出限量版的空軍一號球鞋。我就是在這時候認識年輕的設計師喬納森（我都叫他 JJG），他覺得我們的業務不該僅限於鞋子。當時，我已是 Nike 為

全球敘述故事的領導人。JJG 和我熱烈討論一項目光宏大的願景：創造一個圍繞全系列產品的故事，以慶祝與紀念所有傑出的黑人運動員及其成就。這套系列藉由朱利葉斯‧厄文（Julius Erving）、麥可‧喬丹與柯比‧布萊恩等三位運動員來囊括 Nike 所有家族：Converse、喬丹鞋與 Nike 籃球鞋。這些紀念黑人歷史月的籃球鞋，不僅會在 NBA 全明星賽的球場上亮相，也會提供給所有人購買。JJG 幫助我擴大了視野，擁抱遠比海報更具意義與價值的事業。

這幾位傑出的人物不僅啟發我，與我合作，同時也向我提出挑戰，要我自己發掘他們自我身上看到的潛力，激勵我釋出我需要培養的領袖特質。拜他們以身作則與堅定的信念所賜，我不但成為企業與品牌的領導人，同時也成為推動多元、公平與共融等目標的領袖。當我發現自己已位居高位，便記得要提升與支持那些需要被看見與聽見的人，尤其是那些往往可能是唯一真正了解自我的人。

由於我有導師的啟發，才能釋出自己的潛力，成為推動多元性的領袖，因此，我也學會引導其他的人才。他們也教導我在攀上高峰的同時，帶領那些聲音或工作成果不一定被聽見與看到的人一起向上。感謝他們，我也立志要成為在品牌與業務之外的領導人物。

 做夢也瘋狂

　　我坐在 Nike 比弗頓園區瓊班諾特薩繆爾森大樓的私人餐廳，與我一起的是行銷和業務團隊的其他成員。我們正在等候科林·卡佩尼克過來共進午餐，當時已經是國家美式足球聯盟球季即將開打的時候，但還沒有任何一支球隊願意與他簽約。我們想與科林坐下來談談，他將何去何從，以及他想要達成的目的。一如既往，不論是在場上或場外，Nike 總是尋求能夠強化運動員的心聲，而科林的聲音，至少在過去一年來，音量大增。2016 年球季初始時，科林在比賽演奏國歌時單膝跪地，以抗議種族不公與警察濫殺黑人。此一事件導致曾是超級盃明星四分衛的科林，在球季結束後遭到舊金山 49 人隊釋出，但這反而也使他更加積極地發動抗議。我們所面臨的挑戰（從傳統行銷的眼光來看），是他現在沒有工作，就某種意義而言，也就是指他儘管是一位運動員，但並非「現役」。

　　雖然我們都猜不到他走進來時會是什麼樣子，但更沒想到的是，他竟是剛自博傑克森健身中心晨練完過來。這是我第一次見到他。我經常與職業運動員會面，但即便如此，仍然對他感到印象深刻。很顯然地，他並非一位輕易就會被挫折擊倒的人。事實上，現在看來可能是他有生以來最佳的狀態。我還注意到一件事，就是科林並沒有帶著隨行人員，沒

有經紀人，沒有公關人員，也沒有助理。只有他與他的一位朋友，其實就是他的訓練師。科林在我身邊坐下，我們開始用餐。

以一位過去一年來一直是媒體焦點的人物而言，科林出奇地沉著與內斂，但同時也滿懷熱忱。他急於重返球場，也專注於他對種族不公的抗爭，以及他的「了解你的權利」（Know Your Rights）訓練營的發展，該訓練營乃是為了黑人社區的弱勢年輕人爭取權利。科林的美式足球生涯在前一年遭到嚴重打擊，但這顯然沒有降低他的聲量。他向我們強調，他並不是要我們講述他的故事，而是要述說他的目的。我們要說的故事，不是那一位單膝跪地的人，而是他跪下的原因。

我不能代替當天一起用餐的其他人發言，不過我可以談談我的感覺與想法。我對我與科林初次見面的感覺，是發現我對他的故事心有戚戚焉。我也是一個混血兒，由白人父母收養，在童年時期一心追尋自己的身分。和我鄰里眾多小孩的成長經驗一樣，我也有自己的運動英雄，我所仰慕與模仿的運動明星，他們的成功激勵我，使我為自己的種族身分感到驕傲。這些 1970 與 1980 年代的黑人運動員，以傑出的表現為他們出身的社區帶來榮耀，不僅是他們身穿的球衣所代表的城市；他們是為那些來自貧窮、不公不義與充滿偏見的社區的弱勢同胞發聲。

從傑基‧羅賓森到科林‧卡佩尼克，運動與文化幾十年來的融合，為社會帶來重大進步。若要切斷這樣的連結，只專注於「美式足球本身」，便等於是無視運動居於美國文化中心的原因，這些美國文化的實踐者透過他們的平台獲得了各種靈感與啟發。我在童年時還不知道其中的重要性，但我並非毫無理由地被這些傑出的男性與女性吸引。他們之所以超群不凡，並不是因為他們的表現優於其他大部分的人，而是因為他們能夠壯大我的自尊與想像力——是的，還有對運動的熱愛，因為他們無論身著球衣與否，都充滿熱忱與決心。經過四十年之後，一位黑人運動員願以自己的職業生涯為代價，單膝跪地，抗議警察的粗暴與濫權。對美國黑人經歷無法感同身受的人，也許沒有聽懂科林當天對我們所說的話。但是，我就在現場，我看到年輕時的我，一個尋求自我身分的男孩，看著這位明星四分衛單膝跪地，了解他此舉是為了像我這樣的其他人。

當天，我們在座的所有人都對科林的談話深有同感，這也是我們決定設計一個訊息來支持他與他的目標的第一步。在這次午餐之後，我在那個美式足球球季花了許多個週末，與我們的創意夥伴威頓與甘耐迪公司腦力激盪，思考該如何闡明科林所要傳達的訊息。我們必須透過運動的平台來溝通，並確保運動的角色不致迷失於社會公義的訊息之中。我們不斷提醒自己，任何一個不是利用運動來闡明美國文化真

相的主意，我們絕對不應採納。

我們想出了許多概念、標語與視覺元素。為了找尋靈感，我們甚至讀了科林在四年級時寫給他自己的信，解釋他為什麼認為自己將來有一天會進入國家美式足球聯盟。這封信深深打動人心，但卻不適合科林當前的情況。沒有什麼是確定的。這些點子要不是沒有與運動或它們所應扮演的角色直接相關，要不就是直接聚焦於科林，然而科林已言明在先，不希望故事的焦點在他身上，而是要在他的理念之上。

我們必須要說的是，我們在集思廣益時，從來沒有考慮利用衝突來凸顯科林的理念。我們唯一關切的重點，是打造一個訊息，透過運動的鏡頭來傳達種族不公。我們的目標，是將科林之前與我們的對話，放在能夠鼓舞人們起而行的位置。但是，我們發現，我們發展出來的概念僅能覆蓋訊息的一部分，卻不是全部。我們希望我們最終的概念，能夠百分之百傳達科林的理念。到最後，我們發現時間不夠了。隨著球季已開打好幾週，我決定暫時擱置此一創意性的對談，留待以後再行討論。

八個月後，我成為全球品牌創新的副總裁。這個角色苦樂參半，意味著我將放棄許多高度個人化的工作。我開始轉而支持我的接班人德克・范・哈梅倫（DJ Van Hameren）、吉諾・菲沙諾提、Nike 通訊副總裁凱胡安・威肯斯（KeJuan Wilkins），以及多年來一直領導 Nike 廣告部的艾利克斯・

羅培茲（Alex Lopez），他們希望能在未來三個月內找到可以傳達科林理念的訊息。

所幸他們並不缺乏動力。2018 年是「做就對了」問世三十週年。我們內部的討論，是將三十週年紀念的主調聚焦於「假裝」（Make Belief）這個廣為人知的童年遊戲名稱的演繹上，不過，我們強調的是相信自我的精神。此一概念並非只與幻想有關；重點在於實現你的夢想。我們的焦點，是把「做就對了」定位於正在崛起的新一代運動員身上。我們將這個點子包裝成創意簡報與消費者建議，交給威頓與甘耐迪公司的創意總監阿爾貝托和萊恩。對於威頓與甘耐迪的團隊而言，這是一項理想的任務，因為它打開了通往想像與夢想世界的大門。

該廣告公司的創意團隊提交給我們的回應是影片「做夢也瘋狂」（Dream Crazy），完美詮釋了我們對於「假裝」的理念。畢竟，至少在成年人的眼中，哪一個年輕人的夢想不是瘋狂的？同時，它也能完全闡明已有三十年歷史的標語「做就對了」的宗旨，而且一樣單純有力。威頓與甘耐迪的團隊製作了一部氛圍影片，向我們闡述其概念。這部影片在字幕的加持下，十分震撼人心，但仍缺少畫龍點睛的一筆。

邀請科林擔任影片旁白的主意也就因此而起。這部影片的重點在於年輕人，類似我們在上個球季回顧科林的童年生活，但它談的並不是科林，至少沒有直接的關聯。它所要表

達的，是做你心中明知是對的事情，做你知道必須要做的事情，擁抱觸動你心靈的夢想，不要在乎別人的想法。它談的是犧牲與對抗整個世界，因為你知道你是在做對的事。不過，此一理念不應只存在於我們年輕的時候，儘管此時正需要我們的細心呵護與培養；這個理念應該繼續持續到我們的成年生活。然而，當這些「瘋狂的夢想」進入到現實世界，遭到冷眼，需要有所取捨與犧牲時，該怎麼辦？你是否已到了無法做夢的年紀？科林顯然並不這麼想，於是，影片的最後出現了這麼一段話，強調夢想能夠激發我們的精神，讓我們超越物質的需求，值得我們做出犧牲。

最終，2018年9月，也就是我們在摸索如何闡釋科林理念（與犧牲）的一年後，「做夢也瘋狂」正式在國家美式足球聯盟球季開幕當天發表。

該部影片一開始，是一位溜滑板的年輕人從欄杆上滑下來。他摔下來，摔得很慘。他又滑了一遍，又摔下來，摔得很慘。這樣的情況總共出現三遍。畫面切換到摔角墊上一位沒有雙腳的摔角選手。在此同時，科林的聲音出現：

如果人們取笑你的夢想太瘋狂，
如果他們取笑你是痴人說夢，
很好。
就維持這個樣子。

因為那些人無法了解的是，取笑你的夢想太瘋狂，並非羞辱你，

它是一種讚美。

我們在影片中看到衝浪者、戴著伊斯蘭頭巾的女拳擊手，也看到坐在輪椅上的身障籃球員。科林談到腦癌、難民。我們看到高中時代的勒布朗灌籃，接著是現在成年的勒布朗，在他的「我承諾」（I Promise）學校開學時發表談話。

然後，是結論──科林站在街角，轉頭看著鏡頭，道出本部影片的理念：「你得相信某一樣東西，就算這代表必須犧牲每一樣東西。」

儘管媒體視之為以科林‧卡佩尼克為主題的活動，但這部影片實際上是歌詠「做夢也瘋狂」的運動員。可想而知，這部影片在發表後一度引發爭議。但是，我們在四年後回顧整件事情，看到國家美式足球聯盟比賽在開打前紀念種族平等的活動，我們便知道，原本認為太過瘋狂的夢想，只不過是開端而已。

🎯 拉近距離

本章講述的創意之旅，都是始於相同的前提。我們往往是在放寬視野、看到之前沒有看到的事物後，才發現最具影響力的觀點。其中的本質在於同理心，即是我們願意聆聽和理解那些與我們有不同經歷的人。如本章所述，許多觀點的發現，都是透過同理心所形成的改變。透過同理心，我們能夠更深入地理解一個人或一件事。當我們超脫一般的觀察與臆測，也就能夠發掘原本深埋底層的創意能量。

作為創意領導人，我們的角色是找尋我們所銷售的產品，與這個世界所需要的東西之間的連結。我們需要運用才能，召喚同理心，看到我們居住的世界與別人所經歷的有何不同；確保這些想法能夠使我們對世界產生更為深刻的見解，進而形成具有影響力的故事。

我們要推動社會進步，漠不關心絕非選項。根據我們的理念，透過我們的故事，藉由圖像、影片、建築、產品，我們能夠拉近世界上各種差異間的距離，擁有一個更為公平的未來，確保人人平等。當我們將這樣的理念與我們的產品結合，就能在消費者之間引起討論，進而形成集體行動，為周遭的世界帶來良性的改變。

「拉近距離」的原則

1. 強化你的周邊視覺

超脫簡單的觀察與臆測。在缺乏資源的社區發掘潛在的需求。透過強化我們觀察、聆聽與感受的能力，將大家帶往更好的未來。

2. 揭露真相

接受令人不適的交談，以深刻的方式發掘社會中更深層的真相。利用你的平台幫助別人發聲，而不只是你自己的。

3. 齊心協力向上攀升

避免陷入已有最終答案的創意過程。若要找尋解決方案，你必須尊重你所服務的社區，將他們納入其中。同心協力發揮創意，這將在未來培養一種自豪感與捨我其誰的精神。

4. 超越產品的本質

超越交易本身。善用你的產品作為一種催化劑與邀

請函，以推動更平等的未來。熱心服務，將推動社區的進步與變革，視為終生的職志。

5. 在專業中活出個人化

光是在員工的數字上增加多元化的代表性是不夠的。關鍵在於強化個人的多元性，將生活經驗變成工作經驗。善加利用一個人的人生觀，你可以因此影響無數人。

6. 設計夢想

光是滿足基本需求是不夠的。要支持窮困的社區，就必須予以激勵。透過社區本身的故事與夢想，為你的解決方案注入感情。

EMOTION
by
DESIGN

第九章

留下傳承，
而不僅是記憶

波特蘭的藝術家艾瑪・柏格（Emma Berger）沒有要求任何人的准許，直接開始作畫。當她完成時，波特蘭市中心 Apple 直營店周圍的木板上出現了喬治・佛洛伊德（George Floyd）的畫像，與他生前最後的遺言：「我不能呼吸。」那場悲劇在全國引發的抗議浪潮也襲捲波特蘭，當地 Apple 直營店的玻璃外牆全都被砸碎了。

　　Apple 經理在商店外圍搭了木板牆，以避免受到進一步破壞，並且把木板漆成黑色，以表示站在抗議群眾的那一邊，支持他們爭取公義。這些黑色木板成為柏格理想的畫布，她不僅畫了佛洛伊德，也畫了種族歧視之下的另外兩位受害者，布倫娜・泰勒（Breonna Taylor）與艾哈邁德・阿伯里（Ahmaud Arbery）。**12**

　　柏格的創作給了我絕佳機會，向女兒艾拉展示藝術家與設計師以視覺來敘述故事的力量。2020 年 8 月，我帶著艾拉來看佛洛伊德壁畫，當時她還是高中生，現在則是在大學就讀設計系，一心嚮往設計總監的工作。我們到了那裡，看到其他藝術家也在柏格的畫布上添加了自己的作品，使得此處成為大家展示藝術才華的地方。有不少人以噴漆在畫布多處噴上「846」的數字，代表警察以膝蓋壓制佛洛伊德頸部的時間（8 分鐘 46 秒），導致他死亡。

　　我對此一壁畫的最初反應，是它比我想像的要大得多，延伸到波特蘭市的整個街區。不過，並非僅有柏格的畫作令

我感到震驚；其他藝術家也在周邊建築的外牆作畫。這是悲劇之美：將一個空間轉變爲不僅能灌輸意義，還能引發強烈情感反應的地方。

我看得出來艾拉和我一樣感動。我們談論到，藝術家的創意能如何透過深刻的方式來揭露我們社會的眞相。這並非掛在美術館牆上的藝術，而是屬於自然元素的藝術，關於悲傷、憤怒、同時也是希望的有機展示。藝術本應與某個時刻有關，不過，在產生熱情的能力方面也是永恆的。佛洛伊德壁畫與全國類似的畫作，如果是放在玻璃圍牆或紅龍之後，一旁還有守衛禁止你拍照，就絕不可能會有同樣的效果。這幅壁畫之所以觸動人心，是因爲它適得其所，是對一個粗暴行爲的視覺反應。

我們創作藝術來反映我們眼中的世界，就像現實影像透過我們的創意稜鏡反射到畫布上。一個人可以辨認現實，但現在，現實則轉變成反映藝術家所看到的東西。我向艾拉解釋這些藝術家如何利用其意象與語言，來觸動我們的情緒，進而鼓動我們有所作爲。我們在投射的影像中看到現實的迴聲，看到我們想要生活的世界。

我們看到，我的女兒也親眼目睹，近幾年來，創造力在藝術、建築、文字與影片等多個領域所發揮的力量。創造力持續不斷的產出，觸動人們的心靈，激發人們齊心協力，爲共同的目標奮鬥，例如對種族不公的抗爭、喚起對健保不均

的注意、停止亞洲仇恨犯罪與壓制選民。創造力扮演的是催化劑的角色，吸引眾人進行對話，從而形成啟發、深思與鼓勵大家有所作為的作用。

這趟波特蘭之行，也讓我有機會與艾拉分享我對佛洛伊德之死的感受。我在明尼蘇達長大，後來進入明尼亞波里斯藝術與設計學院就讀，與這場悲劇發生的地方相隔不遠，我自那時就看到了執法單位與黑人社區間的分裂，現在這樣的情況更是令我心痛。

看到人們以藝術來表達這種痛苦，也提醒我從事現在這份工作的初衷。從我最早的記憶開始，我就被運動與藝術激發人類最強烈情感的力量所吸引，也許就是這個原因，我成為一個專事激發人們情感的創意人。我遵循我心中的熱忱，就如同女兒艾拉遵循她的一樣。

站在她的身邊，我想起父母在我小時候，為了鼓勵我的藝術天分而為我開闢的壁畫牆。好吧，「開闢」可能有些誇大其辭了。他們是在我與二位兄弟共用的臥室的一面牆加上木板，成為我釋放想像力的畫板。我童年時期的壁畫平庸無奇，但也展示了一位青少年初露頭角的才能與鮮活的想像力。現在，我則是從艾拉對藝術的熱情，看見小時候的我。我的女兒對藝術的熱愛可能是遺傳自我，那**我的**又是遺傳自誰？

🎯 熱情的來源

在本書接近完成時，我終於面對面地找到了困惑我整個職涯與人生的問題的解答。

2021 年 4 月一個週六的下午，我收到一位不認識的女士透過基因技術公司網站 23andMe 傳來的訊息。

「嗨，你好！哇噢，我從沒想過我在這裡還有一位我從來不知道的叔叔。我發現你的照片與我的母親有許多相似之處。你與令堂的家族有任何連繫嗎？」

一個小時後，在社交媒體上「搜尋」後，很顯然地，我不是這位女士的叔叔。我是她的哥哥，她的母親就是我的親生母親，是我此生從沒想過會認識或相見的人。

此一尋親的詢問，不但讓我找到了生母的家族，同時還有我父親的家族。不過短短幾天，我就得到了我許多人生問題的解答，然而這些解答對大多數人而言都是理所當然的。在一個事實接著一個事實接二連三的衝擊下，我的腦子翻騰不已。我從對我的親生父母一無所悉、我為什麼會長成這個樣子、我的熱情與個性是遺傳自何人，突然之間變得和其他人一樣，在沒有與他們同住的情況下，知道他們的一切。只不過，大多數的人都是以一生的時間來完成這趟旅程，他們的視野從認識這兩人是他們的父母開始，擴展至了解這兩人的生活。

然而，我卻是在幾週的時間內接收到所有的訊息。

我也對整個情況中的諷刺性深有感觸。近幾年來，我一直在提出警告，僅靠數據驅動行銷成長的品牌，很快就會從消費者關係中擠出所有的情感。然而，現在我所經歷的，是我從未感受過的、最密集的情感力量，這些都是拜數據驅動的科學性網站 23andMe 所賜——這是一個從事機器學習、演算法與數據的服務，引導我進入這個深具意義的人類連結時刻（而且還是在轉瞬之間）。突然之間，我的疑惑有了答案。

其中一個答案就是我知道了我對運動的熱愛，尤其是對籃球的，是來自何方。1990 年代中期與晚期，我在明尼亞波里斯的美國購物中心（Mall of America）的 Nike 商店擔任商品展示設計。也許是因為這家商店位於我的家鄉，也許是因為如果你想在全球最大的購物中心開一家店，那它最好成為大家的目的地——我對這家 Nike 商店具有特別的感情。將近三十年後，我才知道我的生父尤其喜歡來這家商店，常常趁著家人在別處購物時，在這裡待上好幾個小時（典型的老爸購物模式）。他熱愛 Nike，尤其是喬丹品牌。他看到了他兒子的商品展示設計，他在那幾年甚至還試圖來找我（我後來才知道）。他沒有找到我，但他看到了我的作品。我就在他身邊。

我的親生母親則是當了二十年的西北航空空服員。她在

世界各地中途停留時，都是到當地的美術館消磨時間──巴黎、倫敦、羅馬。她熱愛藝術，此一熱情是來自她的母親，我的外祖母，一位喜愛繪畫的女士。在我與妹妹（當初與我聯絡的那一位）的線上交談中，她向我展示了外祖母的畫作，我立刻看到她是真有才華，同時也了解這就是我藝術熱忱的來源。至於我的妹妹，她是一位平面設計師，就像我畢業於明尼亞波里斯藝術與設計學院、開始自己的職業生涯時一樣。我們共有的熱忱，就是我們血脈相連的象徵。儘管我們不曾見面，但是你中有我，我中有你。

我最終還是領著我的家人與他們素未謀面的親屬會面。我第一次擁抱我的生母，百感交集，無以名狀，但是我立刻就能感覺到雙方的心靈交會。第二天，在與我父親這一邊的家族會面時，我新認的姑姑向我展示了許多紀念品，其中一項是明尼蘇達大學 1955 年的畢業班合照。她指著在一排白人頭像中唯一的黑人，他就是我的祖父，是當年生命禮儀系畢業班唯一的黑人。這就是突破藩籬。大學畢業後，我的祖父繼續打破傳統，在明尼亞波里斯的白人社區開了一家殯儀館。這是一位從不受限於傳統與守舊的人，不論是在職業或個人生活上都是如此。

我們每個人都有天分，有的隱藏在我們體內。它們有時會在我們人生的某一階段出現，有的則是在某一環境下顯露，並且獲得滋養。

我年輕時就熱愛藝術。我現在知道其中有一部分是與生俱來，是遺傳自我母親，而她又是遺傳自我的外祖母。不過，這並非故事的結局。也許這些天賦自我成熟，讓我在童年時期就顯露熱情，但是，這無法保證我能繼續擁有如此的熱情，或是感覺自己值得擁有。我們曾將多少童年熱情遺留在童年時代，只因為我們決定把精力投入更為「有用」的活動？這個故事的另一半，是我的養父母以其有限的資源，在我童年時培養我對藝術的熱情。他們盡其所能地幫助我展開我的藝術之旅。

艾拉，我的女兒，她很清楚她對藝術的熱忱是來自何方。她也知道她的父母自她小時候就開始培養她的天分，為她提供所需的工具與支持，讓她將這樣的熱忱發展成為別人口中所謂「有用」的東西。當我們一起去看佛洛伊德壁畫，感受到真正的藝術創造出難以置信的感情力量時，她的學習之旅，還有我的，都在繼續之中。

我們也許自祖先遺傳到優秀的天分，這些天分或許能讓我們踏上一條喜悅與實踐的道路。但是，我們絕不能停止發展這些天賦；我們絕不能停止努力改進我們做事的方式；我們絕不能認為就此一帆風順。這個世界滿是悲劇與不公不義，但也仍充滿希望，相信我們總會過得更好。

 **繼續創意之旅**

　　自 Nike 退休之後，我成立了摩登舞台（Modern Arena），這是一個品牌顧問集團，為業務成長與品牌力量的結合提供解決方案，同時又能創造社會影響。透過摩登舞台，我開始替多家新創企業與創業人士提供服務，他們都希望能為一個更美好與更健康的世界做出貢獻。例如紐西蘭的 AO-Air，這是一家尋求改造傳統口罩的新創企業，口罩在 2020 年已成為我們最熟悉的保健配備，然而傳統口罩的耳套令人不適，對口鼻的密封也不夠嚴實。AO-Air 的口罩具有小型風扇，能夠提供新鮮空氣的流通，不致使人有密不透風的感覺。AO-Air 是成立於疫情爆發之前，而它今天所扮演的角色更形重要。根據研究顯示，該公司的口罩要比市面上的產品有效五十倍，而且還是以一種創新的方式來發揮其功能。

　　「我們今天該做什麼？」這是摩登舞台另一家客戶 Shred 公司的標語。Shred 的 app 將用戶與戶外冒險活動連接起來（或是他們旅行的目的地），並讓用戶相互聯繫，幫助用戶節省上網研究的時間，能夠很容易地從事一些有趣的活動。用戶也可以利用 Shred 預訂該公司提供的活動，省去上網訂購的麻煩。沒有什麼比嘗試全新的事物、拋開恐懼、縱身一躍，更能放飛自我。當我們脫離舒適圈，出去尋找冒險刺激時，便會學得許多外界的事物，也包括對自己的了解。

對於外人而言，這兩個差異頗大的品牌看來毫無關係。但若深入觀察，就能看到它們所追求的都是同一個目標：改善人們的福祉。這些產品有助加強人們的生活品質，提供人們工具，改善心理與生理健康，協助建立人與人之間的聯繫。正如 Shred 所言，他們的 app 是「幫助人們有更多時間去體驗人生中最美好的時刻。」

在別人眼中，我可能已遠離 Nike，但我並不這麼認為。事實上，我和 Nike 間的距離，遠比你們所理解的還要接近許多。2021 年秋天，除了品牌顧問外，我也開始在俄勒岡大學的倫德奎斯特商學院（Lundquist College of Business）任教，教導品牌的建立。在我一生眾多的「圓滿時刻」中，任教於 Nike 共同創辦人曾經擔任教練與學生的學校，是我印象最深刻的時刻之一。當然，我來這兒並非為了掀起運動鞋產業的革命。我每週站在講台上，面對五十位未來有志成為運動產品產業經理人的研究生。透過講課、討論與研討會，我們談論品牌的力量，尤其是建立品牌與消費者間強而有力的情緒連結的重要性。

你要如何確定作為一個品牌的宗旨——你希望以此著稱的特質——符合消費者的期待？你為何要創造一個品牌？你能提供什麼好處？透過本書裡的觀念與創意，我最終的希望是傳授這些年輕學子，創造強而有力的品牌識別元素，以及對社會發揮正向的影響力，這兩者之間並非相互排斥的。我

可以很欣慰地說，到目前為止，我的學生已意識到兩者間的連結，深入程度遠超過我當年在他們這個階段所體會的。

　　身為品牌領導者，有許多方法可運用我們的知識與熱忱來幫助改變這個世界。我的熱忱與專業曾讓我站在高峰系列（Summit Series）的各領域觀眾面前；高峰系列乃是為各領域的頂尖人物舉辦活動的組織，包括創業家、學者、作家和藝術家等。透過高峰衝擊（Summit Impact）計畫，該組織發動了全球會員，為我們的世界創造正向的影響力，專注於環境、永續性、無家可歸的人，以及公民參與。

　　在與我的朋友暨該組織的共同創辦人傑夫・羅森塔爾（Jeff Rosenthal）討論後，我決定加入高峰衝擊，擔任董事，也有幸向會員介紹，品牌領導力是如何對文化形成影響的主題。

　　我也曾參與創意俱樂部（One Club for Creativity）旗下的黑人創意人士的討論，這是針對有心從事廣告業的學生的免費線上教學。我們討論了社會衝擊層面的故事敘述藝術，尤其是在種族正義方面。在嚴重缺乏多元性的產業中，他們可以運用他們的聲音，展示他們獨特的視角，以提供必要的觀點，敘述觸動人心的故事。我鼓勵他們，他們的工作不應只是滿足商業簡報的需求，同時也應推動世界向前邁進。

　　透過這些努力，特別是我在俄勒岡大學的任教，我得以更加完善我在事業生涯中所學得的教訓，先是實習生，後是

設計師，接著是行銷人。我的工作使我有幸站在新創企業、創業人士、學生與組織面前傳授經驗，因此我也會加以改良自己的觀念，與時俱進。我在從事這項工作的同時，一個結構也開始形成，緩慢而穩定地向一個明確的核心想法發展。這個想法就是，品牌是透過培養強大的創意文化來打造其創意優勢，從而擁有與消費者之間建立永續不斷的連結關係的能力。這也是全球一些最出名的品牌與顧客建立情感聯繫的方式。有些人稱之為品牌忠誠度，但是，忠誠度並不能代表品牌與消費者之間**相互的**情感連結。我不是要談忠誠度，我說的是人際關係的力量，也就是品牌**影響**一個人的生活、帶來正向改變的方式。

　　舉個簡短的例子來說明此一要點。

　　2021 年冬天，我有幸對一批有色人種的創新與創業人士發表演說。這是安德里森‧霍羅維茲（Andreessen Horowitz）的 X 才華機會基金（Talent X Opportunity Fund）所舉辦的活動。這個了不起的組織，主要是為創業人士提供資金、訓練與輔導，幫助他們以創新的觀念或產品，建立可持續經營的公司。在我們的討論中，我談到必須建立「品牌個性」，這也是我就本書所提的觀念與想法的精華、透過行動導向的方式整合而成的結論。

　　「現在的重要性更甚於以往，」我說道，「在當前的自動化時代，品牌必須更為人性化。」我接著談論打造品牌特

質，使其在世界上具有特殊地位的重要性，以及如何利用接觸點，讓消費者透過這些特質與他們心目中的品牌相互連結。「我們的工作，是讓我們品牌的聲音發出多種不同的音調，」我繼續說道，「可以在不同的時刻發出不同的音調。如果我們讓一個品牌重複不斷地發出同一種聲音，只會令人感到枯燥，甚至厭煩，消費者最終一定會背棄它。」不過，在本書進入尾聲之際，我所說的第一句話最為重要，而我必須再次強調。「**品牌人性化至為重要。**」**要有人性**。有人性，才有情緒、才能創造藝術、才能激勵別人與接受鼓舞。有人性，才能甘冒風險、才具有同理心，才能敘述故事。人性創造時刻、建立團隊。有了人性才有記憶，才能拉近彼此間的距離。

你的品牌絕不只是產品與服務的集合體，也不只是任務報告與演算法。你的品牌意義，絕不只是在於行銷或創新。你的品牌就是人類。作為人類，你的品牌才能與其他人類建立連結。作為人類，你才能留下傳承，而不只是記憶。

🎯 回到起點

我以回到起點，明尼亞波里斯藝術與設計學院，作為本書的結尾。我現在是該學院的董事會成員與創新委員會的主

席，因此有幸在 2020 年開學典禮上對全體學生致辭，講述我在本書中所闡明的許多觀念：共鳴的力量、好奇心在尋找靈感中所扮演的角色、你必須超脫自我去了解別人的體驗。我也談到拉近距離，鼓勵學生視他們的藝術與設計為促成改變的催化劑，去感受藝術家與設計師的力量來激發情感。這些都是我三十年前所關切的力量，不過，我對藝術與設計的力量、對其感動人們與促成改變的能力的理解，這幾十年來都在進化當中。我所發表的演說，正是我作為一個大學生時所希望聽到的，當時的我是初生之犢，滿懷信心與抱負，但對於我將踏入的職業與世界卻是一無所知。

重要的是，他們不是創業家或新創企業主，也不是行銷人或品牌領袖。他們是莘莘學子，可能與我當年一樣滿懷信心與抱負，也許比我和我的同儕在 1988 年時更能接受改變的訊息，當時我只是一位大學新鮮人。我奉送他們的建言與我在這裡傳達的訊息是，現在比以往更需要透過文字與圖像、影片與建築、產品與服務，來感動觀眾，使其擁抱改變。運用他們的創意才華，使得藝術能夠反映現實，進而創造更為美好的世界。擴展他們的視野，超越他們今天或明天所看到的，超越數週、數月或數年的時間，創造與眾不同且歷久不衰的藝術。創造能夠留下的傳承與目標。

本書的大部分內容是回顧過去，回顧那些卓越非凡、打動人心，因此直到今天依然被我們記住的作品。這些作品

——影片、圖像、建築、活動、產品、時刻——常在我心，是因為它們能夠連結我們的情感，力量之大足以抵擋時間的摧殘。至於被遺忘的作品，也許它們最初能有一些效果，引來一陣笑聲或幾滴眼淚，但是隨著時間的逝去，它們在我們心中也逐漸消失，最終不過成為沙灘上又一粒沙子而已。要感動人心、帶來啟發，並不是一件容易的事，也不應是一件容易的事。我們畢竟是人類，可能會因為陳腔爛調而引起一時的注意，但是不會再回顧。我們會大步向前，忘記那段故事所要傳達的任何訊息。

然而，留在我們心中的，都是與我們心靈互通、難以忘懷的作品。我們不僅是記得它們，同時也**深有感觸**，這不僅是一場娛樂，而是反映我們的生活與我們的世界。它留下它的印記。本書所敘述的觀念與想法，就是為了創造出這樣的作品，掃除我們憤世嫉俗的習性，觸動我們的心靈，激勵我們有所作為，讓我們感動落淚，推動我們更上層樓。

品牌領導者必須記住，首要的職責和目標（在驅動需求與促進業務成長之外），是找到與人們之間的情感聯繫。這需要維持團隊中左腦與右腦思考者之間的平衡，並強調行銷的藝術是在以下兩者間持續對話——品牌與消費者。讓我們繼續發揮大腦的創意才能，培養人與人之間互動的力量。讓他們看到你、聽到你、感受你。

當我展望我面前的工作，便為我們在職業與社會上已取

得的成就大受鼓舞。我看著那些坐在我與同學以前曾經坐過的位置的學生，他們對世界的關懷令我感到謙卑。我看著在螢幕對面的創業家與新創企業主，他們的雄心及使命感使我活力煥發。我直視女兒的雙眼，她正在估量她即將踏入的生活與世界，我為她的熱忱與愛心而驕傲不已，我現在知道這樣的熱忱與愛心已流傳數代之久。

做一個真正的人。設計情感。留下你的傳承。

Acknowledgments

致謝

　　本書講述的是創造強而有力的情感連結，對我而言，沒有什麼比我與妻子克絲汀間的情感更為重要。妳在我整個寫作過程中的支持與幫助，使我得以將思想變成現實，且具有意義。我尤其要感謝多年前一起坐在麥克舒密特（Mike Schmidt）大樓的 Nike 同事。我原本以為我們大家是要看一場成龍的電影，結果卻只有我未來的妻子與我出現。你們在設計我們。我們看了這場電影，從此之後就沒有分開過。感謝你們看到我們的潛力。這就是默契。

　　我要感謝我的兒子羅溫與女兒艾拉，他們經常陪我做夢，不斷提出「假如……？」的問題。你們每天的幻想是我最大的靈感。感謝你們是我的終極旅遊夥伴，忍受我對追求設計的生活方式的執著，以及我對日常周遭事物的吹毛求疵。多年前，我們開始設計家園，當時只有十二歲的羅溫告訴我，法蘭克‧洛伊‧萊特曾經說過，房子應該蓋在山丘之中，而不是山頂，這樣，房子與山丘才能合而為一。感謝你

的建議與之後的每一個意見。還有艾拉，妳選擇了一條探索藝術與設計的道路。我希望妳能和我有幸經歷的旅程一樣，找到探索創意、合作與實踐的生活方式。

和任何一項創意工作一樣，著書往往會被視為獨自完成的工作，但事實上需要多位才幹之士組成一個團隊協同合作。幸運的是我的身邊有這樣一支團隊，在我決定從事這項在我專業領域之外的計畫時指引我。

首先，由衷感激我的共同寫作人布萊克·德沃夏克（Blake Dvorak），他幫助我把一些經驗與趣事，轉變成能夠透露更多真相的故事。你從小接觸籃球，隔壁住的就是芝加哥公牛隊的球星史蒂夫·柯爾（Steve Kerr），你致力於挖掘運動中潛在意義的專業。感謝你傳球給我。

平生第一次著書需要聆聽與學習，也需要一位教練來鼓勵你、幫助你進步。卡比·金（Kirby Kim）不僅是我的文學經紀人，也是我的教練。卡比，還有他的同事威爾·法蘭西斯（Will Francis），以及詹克勞暨夥伴公司（Janklow and Associates）的團隊總是幫助我大步向前。你們從我一生與事業的時間軸視覺資訊圖，看到值得一說的故事，於是決定冒險一試。我唯一的希望就是我的作品能夠符合你們的標準。

接著，我要感謝我的編輯，Twelve Books 的肖恩·戴斯蒙德（Sean Desmond），他看到一項粗略構想的潛力，鼓勵我超越我在行銷與設計上的專業，找到自己的聲音，創造

能為廣大觀眾帶來啟發與實用的故事。我也要感謝鮑伯‧卡斯帝羅（Bob Castillo）、梅根‧卜瑞特—雅各布森（Megan Peritt-Jacobson）以及 Twelve Books 的編輯團隊。你們的耐心、紀律與專業，對我的寫作而言，尤其是在遭遇瓶頸時，是無價之寶。

我也要感謝羅文‧伯歇斯（Rowan Borchers）與英國企鵝藍燈書屋（Penguin Random House）的團隊。從一開始就可以感受到你們對本書構想的活力與熱忱。

老早以前，在會議室、設計工作室、運動場館、咖啡廳與汽車內，過去三十年來、所有我工作的場所中，這本書的種子就已栽下。我要感謝所有的追夢人，尤其是我以前在 Nike 的隊友，他們對本書慷慨大度的回憶、建議與支持。我特別要感謝朗‧杜馬斯、雷‧布茨、吉諾‧菲沙諾提、帕姆‧麥康奈爾、傑森‧柯恩、大衛‧克里奇、伊恩‧連施、希瑟‧安慕妮—戴、馬克‧史密斯、大衛‧許萊伯、瑞奇‧恩格爾貝格、潘蜜拉‧內弗卡拉、蓋瑞‧賀頓（Gary Horton）、穆薩‧塔里克、艾利克斯‧羅培茲、麥可‧西亞、史考特‧丹頓—卡杜、瓦萊麗‧泰勒—史密斯（Valerie Taylor-Smith）、雷奧‧山提諾—泰勒（Leo Sandino-Taylor）、文生‧林格（Vince Ling）、丹尼‧溫迪。你們諸位都對本書的完成助益良多。

我要特別感謝威頓與甘耐迪大家庭，我對於卡萊爾‧迪

克森（Karrelle Dixon）、阿爾貝托‧龐特與萊恩‧歐洛克的助益銘感五內。你們總是挑戰我們脫離我們的舒適圈。還有誰能推出「勇於冒險」的全球性活動？我們經常如此，而我從未後悔。

一次又一次地以你的品牌聲音來承擔創意風險，需要大無畏的精神才能脫離安全區。就此而言，我要感謝大衛‧葛萊索與恩里科‧巴萊里，感謝他們在那段豐收時刻的合作無間，與始終堅持創意合作的真實本質。

我還要感謝鮑伯‧格林柏格（Bob Greenberg）與 RGA團隊、阿賈茲‧阿默德（Ajaz Ahmed）與 AKQA 團隊在Nike 行銷的「數位革命」中的合作無間。現在儘管已是一個普通的地方，但是當初需要遠見、創新與協同合作才能發起行動。

有幾位人士對我早期事業生涯的影響頗深，從而間接地對本書帶來助益。我大學時的字體排印學教授簡‧強可（Jan Jancourt）鞭策我更上層樓，看到好與偉大之間的差異。羅莉‧海柯克‧馬凱拉則是鼓勵年輕的我突破安全的框架，勇於承擔風險。

我要感謝我的雙親，蓋瑞與雅基‧霍夫曼（Gary and Jacqui Hoffman），他們在我童年臥室的白牆上釘上木板，成為我實現夢想與想像的壁畫。我也要感謝他們始終支持我對創意的追求，儘管我有時真的是膽大妄為。還有，當然，

我也要感謝他們在 1992 年那個奇妙的夏天將小貨車借給我使用。

最後，我要感謝我最近才找到的親生家庭。作爲一位領養兒，我心中總是有一個疑問，我的特質與熱忱是來自何人。他們給予我與這本書的助益早就開始了，儘管我們直到最近才團圓。創意的力量，可以建立更爲深刻的關係，也能推動世界變得更美好，這股力量既是來自先天，也是來自後天的培育。願我們繼續透過情感的設計來建立它們。

Endnotes

/

附注

1. https://www.nytimes.com/1997/04/30/sports/using-soccer-to-sell-the-swoosh.html

2. https://www.elartedf.com/ginga-essence-brazilian-football-years/

3. https://www.marketingweek.com/career-salary-survey-2020-marketing-diversity-crisis/

4. https://www.nasa.gov/missions/science/f_apollo_11_spinoff.html

5. https://rocketswire.usatoday.com/2020/01/29/hakeem-olajuwon-said-kobe-bryant-was-his-best-low-post-student/

6. https://www.esquire.com/sports/a30668080/kobe-bryant-tribute-20-years-after-draft/

7. https://www.si.com/nba/2018/05/30/origin-lebron-james-chosen-1-tattoo

8. https://www.adweek.com/performance-marketing/this-agen-

cy-used-a-weather-balloon-to-fly-nikes-new-vapormax-shoe-into-space/

9. https://nypost.com/2015/10/27/why-thousands-of-people-are-running-with-kevin-hart/

10. https://cargocollective.com/kervs/following/all/kervs/The-Reason

11. https://www.washingtonpost.com/news/on-leadership/wp/2016/07/08/this-advertising-agency-turned-its-entire-home-page-into-a-powerful-blacklivesmatter-message-2/

12. https://komonews.com/news/local/mural-honors-george-floyd-in-downtown-portland

BIG 413

有溫度的品牌行銷：
Nike 前行銷長精煉 27 年的創意領導課

作　　者－葛雷格‧霍夫曼（Greg Hoffman）
譯　　者－王曉伯
副總編輯－陳家仁
編　　輯－黃凱怡
企　　劃－藍秋惠
編輯協力－吳紹瑜
封面設計－吳郁嫻
內頁排版－李宜芝

總 編 輯－胡金倫
董 事 長－趙政岷
出 版 者－時報文化出版企業股份有限公司
　　　　　108019 台北市和平西路三段 240 號 4 樓
　　　　　發行專線－(02)2306-6842
　　　　　讀者服務專線－0800-231-705‧(02)2304-7103
　　　　　讀者服務傳真－(02)2304-6858
　　　　　郵撥－19344724 時報文化出版公司
　　　　　信箱－10899 臺北華江橋郵局第 99 信箱
時報悅讀網－http://www.readingtimes.com.tw
法律顧問－理律法律事務所 陳長文律師、李念祖律師
印　　刷－勁達印刷有限公司
初版一刷－2023 年 4 月 21 日
定　　價－新台幣 430 元
（缺頁或破損的書，請寄回更換）

有溫度的品牌行銷：Nike 前行銷長精煉 27 年的創意領導課 / 葛雷格 . 霍夫曼 (Greg
Hoffman) 作；王曉伯譯 . -- 初版 . -- 臺北市：時報文化出版企業股份有限公司 , 2023.04
336 面；14.8 x 21 公分 . -- (Big；413)
譯自：Emotion by design : creative leadership lessons from a life at Nike

ISBN 978-626-353-612-8(平裝)

1. 耐吉公司 (Nike Firm) 2. 體育用品業 3. 行銷學 4. 創意 5. 領導 6. 美國

496　　　　　　　　　　　　　　　　　　　　　　　112003177

ISBN 978-626-353-612-8
Printed in Taiwan